KB014362

'과알못'도 빠져드는 3시간 과학

'과알못'도 빠져드는 3시간 과학

초판 1쇄 인쇄 2021년 4월 17일
초판 1쇄 발행 2021년 4월 27일

편저 사마키 다케오 옮김 안소현

펴낸이 이상순 주간 서인찬 영업이사 박윤주 제작이사 이상광

펴낸곳 (주)도서출판 아름다운사람들
주소 (10881) 경기도 파주시 회동길 103
대표전화 (031) 8074-0082 팩스 (031) 955-1083
이메일 books777@naver.com 홈페이지 www.book114.kr

ISBN 978-89-6513-641-5 03400

....

ZUKAI MOTTO MIJIKA NI AFURERU "KAGAKU"GA 3 JIKAN DE WAKARU
HON © TAKEO SAMAKI 2018
Originally published in Japan in 2018 by ASUKA PUBLISHING INC., TOKYO.
Korean translation rights arranged with ASUKA PUBLISHING INC., TOKYO,
through TOHAN CORPORATION, TOKYO, and Eric Yang Agency, Inc.,
SEOUL.

이 도서의 국립중앙도서관 출판예정도서목록(CIP)은 서지정보유통지원시스템 홈페이지(http://seoji.nl.go.kr)와
국가자료종합목록시스템(http://www.nl.go.kr/kolisnet)에서 이용하실 수 있습니다. (CIP제어번호 :
CIP2019009352)

파본은 구입하신 서점에서 교환해 드립니다.

'과알못'도 빠져드는 3시간 과학

사마키 다케오 편저 안소현 옮김

리듬문고

독자 여러분께

이 책은 다음과 같은 사람들을 위해 썼습니다.

· 과학은 못 하지만, 관심이 있다!
· 우리 가까이에 넘쳐나는 제품의 과학 원리를 알고 싶다!
· 우리 가까이에 있는 과학에 대해 쉽게 배우고 싶다!

우리는 날마다 아침에 일어나서 다양한 활동을 하다가 밤에 잠을 자는 생활을 반복하고 있습니다. 살아가기 위해서는 최소한의 음식과 물, 산소가 꼭 필요합니다. 좀 더 쾌적하게 생활하려면 옷과 집 역시 필요합니다. 그리고 훨씬 풍요롭고 쾌적하고 안전한 삶을 살려고 다양한 과학과 기술 성과를 이용하고 있습니다.

하지만 과학과 기술을 너무 당연한 것처럼 받아들이고 있는데요. 원리를 알지 못해도 스위치만 켜면 바로 사용할 수 있기 때문입니다.

이 책은 우리 가까이에 넘쳐나는 '과학'에 대해 무엇이 과학적으로 옳은지, 사실은 무엇이 잘못되었는지 제품 안에 블랙박스처럼 숨어 있는 비밀에 대해 '과학의 눈'으로 바라봐주기를 바라며 최대한 이해하기 쉽게 전달하려 합니다.

　이 책은 과학잡지 〈이과의 탐험(RikaTan)〉 편집위원들이 공동 집필했습니다. 편집위원들은 초등학교와 중학교, 고등학교 교사와 대학교 교수로 '과학을 활용하는 능력'을 키우기 위해 어떻게 하면 좋을까 하는 문제의식을 다들 갖고 있습니다. 과학을 활용하는 능력은 한마디로 '평범한 사람이라면 누구나 갖고 있어야 할 과학 상식'이라고 할 수 있습니다.

　이 책은 우리가 생각하는 과학을 활용하는 능력은 어떤 것인가를 구체화한 것입니다.

　독자 여러분도 모쪼록 '과학의 눈'으로 우리 주위를 찬찬히 둘러보기 바랍니다.

편저자 사마키 다케오

차례

제4장 '가전제품·조명·빛'에 넘쳐나는 과학

제5장 '쾌적한 생활'에 넘쳐나는 과학

제6장 '안전한 생활'에 넘쳐나는 과학

제7장 '첨단 기술'에 넘쳐나는 과학

제**1**장

'식품·건강'에 넘쳐나는 과학

01

건강식품과 건강 보조 식품은
정말로 몸에 좋은가?

건강에 관심이 높은 시대에 걸맞게 건강식품과 건강 보조 식품이 주목을 받고 있습니다. 요즘은 50대 이상의 약 30%가 매일 건강식품을 섭취한다고 알려져 있습니다. 먼저 건강식품과 건강 보조 식품에 대한 기본적인 이야기부터 시작해보겠습니다.

● 과학적인 근거가 없어도 판매할 수 있다

건강 보조 식품(health supplement food)의 'supplement'에는 '보충하다', '보조하다'라는 의미가 있습니다. 부족하기 쉬운 영양소와 식품 성분을 보충하는 역할을 하지만 어디까지나 보조일 뿐입니다.

건강식품도 건강 보조 식품도 건강 기능 식품도 법적으로 식품에 속하지, 의약품에는 속하지는 않습니다. 건강식품의 정의 자체도 정확하게 내려지지는 않은 상태입니다. 그래서인지 '일종의 건강식품'이라는 식으로 종종 이야기합니다.

그리고 건강식품과 건강 보조 식품은 의약품과 달리 유효성과 안정성 같은 과학적인 근거가 없어도 얼마든지 판매 가능합니다. 더구나 품질의 균일성과 재현성, 객관성, 순도 역시 보증하고 있지 않습니다.

● 수많은 피해 사례가 보고되고 있다

혹시 여러분은 '건강식품과 건강 보조 식품은 의약품이 아니라 식품이기 때문에 안전하다'라고 생각하고 있지 않나요?

하지만 실제로는 건강식품과 건강 보조 식품을 섭취하고 오히려 건강을 해쳤다는 수많은 피해 사례가 보고됩니다. 일반적으로 안전하다고 평가받는 건강 보조 식품이라고 해도 적절한 섭취량을 지키지 않으면 건강을 해칠 가능성이 있습니다.

국민 생활 센터 고충 상담 건수는 화장품, 미용 제품과 더불어 해마다 건강식품과 관련된 것이 상위권을 차지하고 있습니다. 가장 많이 보고된 피해 사례로 간 기능 장애가 있습니다.

● 활성산소와 항산화 물질

최근에 '항산화 물질'이 커다란 관심을 모읍니다. 원래 산소를 들이마시면 우리 몸속에서는 '활성산소[1]'가 만들어집니다. 활성산소는 평범한 산소보다 산화하는 힘이 강하기 때문에 그렇게 강한 산화력으로 '세포막의 지질을 변질시키거나 DNA를 손상해 질병이나 노화의 중대한 원인이다'라고 알려져 있습니다.

그래서 항산화 물질을 많이 섭취하면 젊어지거나 노화를 늦추거나 질병을 예방할 수 있다는 기대를 모읍니다. '항산화'란 활성산소를 없애는 작용으로 그런 작용을 하는 물질을 항산화 물질이라고 합니다.

흔히 '차(茶)가 몸에 좋다'라는 말을 합니다. 그것은 차 안에 있는 카테킨이라는 폴리페놀 성분이 바로 항산화 물질이라는 이유가 가장 큽니다. 폴리페놀 이외에도 베타카로틴, 비타민C, 비타민E 등이 대표적인 항산화 물질입니다.

---

1) 활성산소는 산소가 화학적으로 활성화한 불안정한 물질 덩어리를 말합니다. 일반적으로 활성산소는 강한 산화력을 갖고 있습니다. 대표적인 활성산소로는 초과산화물 라디칼, 수산화 라디칼, 과산화수소, 일중항산소가 있습니다.

● 항산화 물질 '베타카로틴'의 놀라운 실험 결과

베타카로틴은 당근과 호박 같은 녹황색 채소에 있는 항산화 물질로 몸 안에서 필요한 순간에 비타민 A로 바뀝니다.

이런 항산화 물질은 실제로 어느 정도 효과가 있을까요? '혈액 중에 베타카로틴과 비타민 E 농도가 높은 사람은 암에 잘 걸리지 않는다'라는 연구 결과가 있습니다. 그래서 두 가지의 대규모 임상 시험이 시행되었습니다.

첫 번째는 핀란드에서 있었던 연구입니다. 폐암에 걸릴 위험이 많은 3만 명을 무작위로 네 그룹으로 나누었습니다. 네 그룹 중에 세 그룹에는 각각 '베타카로틴', '비타민 E', '베타카로틴과 비타민 E'를 제공했습니다. 나머지 한 그룹에는 베타카로틴도 비타민 E도 들어 있지 않은 가짜 약, 즉 플라시보를 제공했습니다.

그 후 연구에 참가한 연구자들의 예상을 벗어나는 결과가 나왔습니다.

몸에 좋은 항산화 물질을 계속 섭취한 그룹이 가짜 약을 먹은 그룹보다 폐암에 걸린 사람이 더 많았던 것입니다. 또한, 항산화 물질을 계속 섭취한  그룹이 폐암과 심장병으로 사망한 사람의 합계 수가 가짜 약을 먹은 그룹보다 더 많았습니다.

두 번째 임상 시험은 훨씬 더 비참한 결과가 나왔습니다. 폐암에 걸릴 위험이 많은 1만 8천 명을 무작위로 두 그룹으로 나누었습니다. 그러고 나서 두 그룹 중에 한 그룹에는 베타카로틴과 비타민 A를 제공했습니다. 그리고 다른 한 그룹에는 가짜 약을 제공했습니다.

대규모 임상 시험은 평균 6년 동안 계속할 예정이었지만 훨씬 일찍 두 번째 임상 시험이 마무리되었습니다. 항산화 물질인 베타카로틴과 비타민 A를 섭취한 그룹이 가짜 약을 섭취한 그룹보다 폐암으로 사망할 위험이 46퍼센트 높았고 다른 요인으로 사망할 위험도 17퍼센트 높다는 사실이 밝혀졌기 때문입니다.

● 베타카로틴의 교훈

수많은 연구 결과로 '베타카로틴은 사람에게 틀림없이 좋은 영향을 줄 것이다'라는 예상을 하고, 대규모 임상 시험을 실행했습니다. 그런데 이렇게 예상하지 못한 결과가 나와서 놀랍기만 합니다.

따라서 다른 건강식품과 건강 보조 식품에 대해서도 비슷한 대규모 임상 시험을 실행하면 어떤 결과가 나올지 알 수 없습니다.

식품과 건강과의 상관관계에는 아직 밝혀지지 않은 것이 많이 있습니다. 쥐를 이용한 동물 실험이 이루어졌다고 해도 사람이 먹었을 때 어떤 결과가 나올지는 실제로 사람이 직접 확인해보지 않는 이상 진실은 알 수 없는 것입니다.

채소나 과일에는 확실히 암을 예방하는 효능이 있는 성분이 들어 있을 가능성은 있습니다. 하지만 그것이 무엇인지 또한 단일 성분인지 복합 성분인지는 알 수 없는 경우가 많습니다.

일단 베타카로틴의 교훈부터 살펴봅시다. 채소나 과일 그대로 섭취하는 것보다는 어떤 단일 성분을 추출해서 건강 보조 식품 형태로 다량 섭취하면 위험성이 있다는 교훈을 얻은 것입니다.

그러므로 결론은 균형 잡힌 식사를 하는 것이 암을 예방하는 최고의 방법이라는 것입니다. 그리고 적어도 한 번쯤은 냉정하게 '건강 식품이나 건강 보조 식품 겨우 한두 가지로 마법처럼 건강해지는 게 가능할까?' 생각해보는 것이 중요합니다.

먼저 무엇보다도 '매일 균형 잡힌 식생활을 하고 적당한 운동을 하고 적당히 스트레스를 발산시킬 수 있는 취미 활동'을 고려하는 것이 가장 중요합니다.

02

'화학조미료는 몸에 안 좋다'라는 것은 거짓말인가?

'기본 미각'에는 단맛, 쓴맛, 신맛, 짠맛, 이렇게 네 가지가 있습니다. 그런데 요즘은 다섯 번째 '감칠맛'이 추가되었습니다. 예전에는 '화학조미료'라고 부르던 맛이었습니다.

● 다섯 번째 기본 미각 '감칠맛'이란?

최근에는 미각 연구가 진행되어 단맛, 쓴맛, 신맛, 짠맛 같은 네 가지 기본 미각만으로는 설명이 불충분한 시대가 되었습니다. '감칠맛'이 독립된 기본 미각이라는 사실이 입증되었기 때문입니다.

요리에 진한 맛과 깊은 맛을 더한다.

감칠맛의 출발은 1908년, 이케다 기쿠나에[2]가 다시마의 감칠맛 성분이 글루탐산나트륨이라는 사실을 발견한 것이 시초입니다. 지금은 감칠맛을 뜻하는 '우마미(Umami)'가 국제공통어로 쓰이고 있습니다.

현재 시판 중인 감칠맛 조미료에는 다시마의 감칠맛 성분인 글루

---

2) 이케다 기쿠나에는 화학자로 '일본의 10대 발명품'중 하나라고 불리는 감칠맛 성분을 발견했습니다. 당시 스즈키 제약회사 대표인 스즈키 사부로스케가 감칠맛의 제조 판매를 시작했습니다. 감칠맛 화학조미료인'아지노모토' 덕분에 회사는 크게 발전하게 되었습니다.

탐산나트륨과 가다랑어포의 감칠맛 성분인 이노신산나트륨과 표고버섯의 감칠맛 성분인 구아닐산나트륨이 포함되어 있습니다.

글루탐산나트륨은 '아미노산 계열의 감칠맛 물질'이고, 이노신산나트륨과 구아닐산나트륨은 '핵산 계열 감칠맛 물질'입니다.

'아미노산 계열 물질'과 '핵산 계열 물질'을 섞어서 사용하는 이유는 각각 단독으로 맛을 내는 것보다 합쳐서 맛을 내는 것이 더욱 맛있게 느껴진다는 '상승효과'가 확인되었기 때문입니다.

● 감칠맛 조미료는 인공 물질이 아니라 발효법으로 만든 것이다

이런 감칠맛 성분을 예전에는 '화학조미료'라고 불렀습니다.

화학조미료라는 말은 NHK 텔레비전 프로그램에서 글루탐산나트륨에 대해 다룰 때 아지노모토라는 상품명을 노출하지 않기 위해 사용하기 시작했습니다.

그런데 화학조미료라는 말은 인공적인 이미지를 주기 때문에 지금은 '감칠맛 조미료'라는 말로 대신 사용하고 있습니다.

감칠맛 조미료는 화학합성이 아니라 발효법으로 만들어집니다.

주로 사탕수수에서 뽑아낸 당밀을 원료로 하는데 미생물의 작용으로 아미노산으로 변화시키거나 효모의 핵산을 이용해서 대량 생산하고 있습니다.

그러므로 감칠맛 조미료는 된장이나 간장 같은 발효식품과 마찬가지로 천연소재인 미생물의 힘을 빌려서 만들었기 때문에 인공 물질이 아닌 것입니다.

● 세상의 평판에는 근거가 없다

감칠맛 조미료의 제조 방법

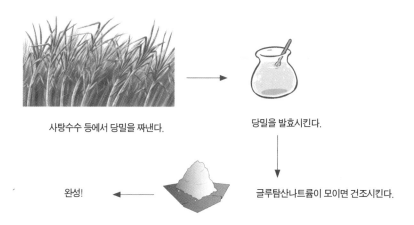

사탕수수 등에서 당밀을 짜낸다.   당밀을 발효시킨다.

완성!   글루탐산나트륨이 모이면 건조시킨다.

　감칠맛 조미료에 대한 세상의 평판에는 여러 가지가 있습니다. 1950년대 '감칠맛 조미료를 먹으면 머리가 좋아진다'라고 했는데 1960년대 말부터는 평판이 180도 달라져서 '몸에 안 좋다'라는 이야기를 듣게 되었습니다.

　먼저 감칠맛 조미료를 먹으면 '머리가 좋아진다'라는 평판의 근거는 글루탐산이 뇌 안의 신경 전달 물질로 뇌 안에 많이 존재하는 것이 확인되었습니다. 그래서 특히 글루탐산이 유아의 뇌에 영향을 준다고 여겨졌습니다.

한편 '몸에 안 좋다'라는 평판의 이유는 글루탐산나트륨이 포함된 식사를 하고 나서 일시적으로 두통이나 명치 통증, 손발 저림, 나른함 등이 발생해서 난리가 났던 것[3]입니다.

하지만 감칠맛 조미료를 먹으면 '머리가 좋아진다'라는 평판도 '몸에 안 좋다'라는 평판도 과학적으로는 아무런 근거가 없다는 사실이 확인되어 지금은 두 가지 모두 명확하게 부정되고 있습니다.

● 감칠맛 조미료의 현명한 활용법

감칠맛 조미료는 아주 조금만 넣어도 맛이 확 좋아지고, 소금의 섭취량도 줄일 수 있다는 장점이 있습니다.

감칠맛 성분인 글루탐산나트륨과 이노신산나트륨, 구아닐산나트륨은 다시마와 가다랑어포 등에 포함된 물질과 완전히 같은 물질이기 때문에 '독성'을 걱정할 필요도 없습니다.

다만 모든 음식에 감칠맛 조미료를 사용하면 그 맛에 익숙해져서 각각의 식재료에 있는 고유의 깊은 맛과는 멀어질 가능성이 있다는 점이 문제가 될지도 모르겠습니다.

---

3) 미국의 중화요리점에서 글루탐산나트륨이 대량으로 첨가된 완탕 수프를 섭취한 다음에 이런 증상이 나타났다고 해서 '중화요리점 증후군(Chinese restaurant syndrome)'이라고 불리게 되었습니다.

맛을 더 좋게 하는 활용법

03

'알칼리성 식품은 몸에 좋다'라는
것은 거짓말인가?

'알칼리성 식품은 몸에 좋다, 또는 산성 식품은 몸에 안 좋다'라는 이
야기를 들어본 적이 있습니까? 알칼리성 식품이라서 몸에 좋다거나
산성 식품이라고 몸에 안 좋을 수가 있을까요?

● 산성과 알칼리성

식초나 염산은 신맛을 갖고 있습니다. 파란색 리트머스 시험지를 빨간색으로 변하게 하고 아연이나 철 같은 금속에 닿으면 금속을 녹여서 수소 가스를 발생시킵니다. 이런 성질을 산성이라고 합니다.

한편, 수산화나트륨 수용액처럼 '산과 반응해서 산성을 잃어버리게 한다', '빨간색 리트머스 시험지를 파란색으로 변하게 한다'라는 성질을 알칼리성이라고 하고 이렇게 녹아 있는 물질을 알칼리라고 합니다.

산 : 염산, 황산, 아세트산, 구연산 등

알칼리 : 수산화나트륨, 수산화칼륨, 수산화칼슘 등

산과 알칼리를 한데 섞으면 중화라는 화학변화가 일어납니다. 산성 또는 알칼리성이 약해지거나 사라지는 것입니다. 예를 들어 염산과 수산화나트륨 수용액을 한데 섞어서 적당히 중화를 시키면 염화나트륨 수용액이 만들어집니다.

산성 또는 알칼리성의 정도를 나타내주는 잣대로 수소 이온 농도(pH)[4]가 이용됩니다.

---

4) pH는 용액의 액성을 나타내는 물리량으로 수소 이온 활량이라고 정의합니다. '수소 이온 농도' 또는 '수소 이온 농도 지수', '수소 지수'라고 부릅니다. 독일어로 '페하'라고 읽습니다.

수용액은 수소 이온 농도가 7일 때는 중성이고 7보다 작을 때는 산성이고 7보다 클 때는 알칼리성입니다.

수소 이온 농도(pH)

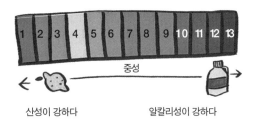

● 매실장아찌나 레몬이 '알칼리성 식품'인 이유는 무엇인가?

매실장아찌나 레몬은 신맛이 나는데 '알칼리성 식품'으로 분류합니다. 매실장아찌도 레몬도 실제로 리트머스 시험지 등으로 산성인지 알칼리성인지 알아보면 확실히 산성[5]입니다. 그러니까 알칼리성 식품은 그 자체가 알칼리성이기에 알칼리성 식품으로 분류하는 것이 아니라는 뜻입니다. 사실은 식품을 태워서 생긴 재의 잿물이라는 수용액이 알칼리성이면 알칼리성 식품이고 그 수용액이 산성이면 산성 식품으로 분류하는 것입니다.

매실장아찌나 레몬이 신맛을 내는 이유는 구연산이라는 유기산 때문입니다. 하지만 구연산은 탄소, 수소, 산소로 이루어져 있기에

---

5) 레몬은 수소 이온 농도가 2입니다.

태우면 이산화탄소와 물이 되어버립니다. 칼륨 성분을 많이 포함하고 있으면 탄산칼륨이라는 물에 녹았을 때 알칼리성을 띠는 물질이 만들어집니다. 그래서 매실장아찌나 레몬은 알칼리성 식품으로 분류하는 것입니다.

그 밖에 채소나 과일, 콩, 우유 등도 알칼리성 식품입니다. 이런 식품에는 칼륨 외에도 칼슘이나 마그네슘 등이 많이 포함되어 있어서 잿물이 알칼리성을 띱니다.

한편 유황이나 인을 많이 포함한 쌀과 밀 등의 곡류나 고기, 생선, 달걀 등은 산성 식품으로 분류합니다. 유황이나 인은 태우면 각각 이산화유황이나 오산화인이 되기 때문입니다. 이산화유황은 물에 녹이면 아황산이 되고 오산화인은 물에 녹이면 인산으로 됩니다.

산성 식품	알칼리성 식품
식품을 태운 재의 잿물(수용액) → 산성	식품을 태운 재의 잿물(수용액) → 알칼리성
고기 · 생선 · 달걀 쌀 · 밀 · 설탕 · 식초	채소 · 과일 · 콩 우유 · 레몬 · 매실장아찌

● '알칼리성 식품은 몸에 좋다'라는 것은 거짓말!

아주 오래전 영양학에서 알칼리성 식품이 몸에 좋다고 생각해서 식품을 산성 식품과 알칼리성 식품으로 분류했습니다.

식품을 섭취해서 몸 안이 산성 또는 알칼리성으로 변한다고 생각하고, 산성으로 기울어지면 몸에 좋지 않다고 여겼기 때문입니다.

그때의 전제는 '몸 안에서 연소와 마찬가지의 반응이 일어난다는 것'입니다. 하지만 지금은 몸 안에서 일어나는 반응이 여러 가지 있다는 것이 알려지고, '식품을 태운 재에 따라 몸 안이 산성이 되었다가 알칼리성이 되는 것은 아니다'라는 사실 역시 확실히 밝혀졌습니다.

원래 몸 안에서는 혈액이 중성에 가까운 아주 약한 알칼리성으로 유지되고 있습니다. 요컨대 혈액은 항상 약한 알칼리성으로 되도록 다양한 조절이 이루어진다는 것입니다.

그렇기에 만약에 산성 식품으로 분류된 식품만 줄곧 먹는다고 해도 몸 안이 산성이 되는 것은 아니라는 말입니다. 따라서 '몸이 산성 쪽으로 기울어지는 것을 막기 위해 알칼리성 식품이나 음료를 섭취한다. 그렇게 하는 것이 몸에 좋다'라는 생각은 잘못된 것입니다.

그런데 혈액이 산성 쪽에 기울어질 때도 있습니다. 그것은 식품 때문이 아니라 폐나 신장 등에 질병이 생겼을 때 혈액이 산성 쪽에 기울어지는 결과가 빚어지는 것입니다. 사람의 혈액이 산성이 되면 오래 살기 어렵다고 합니다.

혈액의 수소 이온 농도가 6.8~7.6 범위에서 벗어나면, 요컨대 혈액이 지나치게 산성에 기울어져도 지나치게 알칼리성에 기울어져도 오래 살기 힘들다는 것입니다.

혈액의 수소 이온 농도(pH)

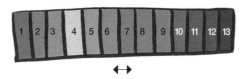

보통 혈액은 수소 이온 농도가 6.8~7.6을 유지하고 거의 중성에서 아주 약한 알칼리성을 띱니다.

아무튼 '알칼리가 건강에 좋다'라고 여기는 사람이 적지 않은데 이런 심리를 이용해서 식품이나 음료를 '알칼리성'이라고 주장하며 '몸에 좋다'라고 선전도 하니 주의해야 합니다.

04

커피에 각설탕을 두 개 넣으면
얼마나 살이 찔까?

커피를 마실 때 '설탕을 먹으면 살찌니까 블랙커피로 주세요'라고
주문하는 사람이 있습니다. 그렇다면 각설탕 두 개를 섭취했을 때 실
제로 몇 킬로그램이나 살이 찔까요?

● 각설탕이란 무엇인가?

설탕을 다이어트의 적이라고 여기는 데 정말로 그럴까요?

설탕은 사탕수수 줄기와 사탕무, 비트를 원료로 만듭니다. 설탕은 백설탕(white sugar)[6], 삼온당(dark brown sugar)[7], 그래뉼러당(granulated sugar)[8] 등 여러 종류가 있습니다.

설탕의 결정은 원래 얼음과 마찬가지로 투명한 무색이지 하얀색이 아닙니다. 깨진 얼음이나 눈처럼 설탕도 결정의 입자가 작아지면 빛의 난반사에 따라 하얗게 보이는 것뿐입니다.

각설탕은 그래뉼러당을 굳혀서 만든 것으로 각설탕 한 개의 무게는 3~4그램입니다. 가장 많이 쓰는 각설탕은 정육면체 주사위 모양입니다. 그리고 스틱 설탕은 대부분 6그램 정도로 각설탕의 약 두 배 분량입니다.

각설탕 두 개　＝　스틱 설탕 한 개(6그램)

---

6) 입자가 작은 고순도의 설탕입니다. 수분과 전화당을 포함하여 단맛이 강하고 깊은 맛이 있습니다.

7) 정제도가 낮은 편으로 캐러멜색소가 들어 있어 흔히 흑설탕이라고 부릅니다.

8) 세계에서 가장 많이 먹는 설탕으로 순도와 칼로리가 가장 높고 입자가 아주 굵습니다. 잘 녹고 독특한 맛이 없어서 커피나 홍차 등 주로 감미료로 쓰일 때가 많습니다.

● 설탕을 먹으면 전부 살로 갈까?

설탕을 비롯해 당분이 들어 있는 물질을 섭취하면 곧바로 소화 흡수가 시작되고 혈액을 통해 몸 전체로 퍼져나갑니다.

당분이 들어 있는 물질은 신체 근육 세포와 간에 축적됩니다. 만약에 당분 섭취가 부족해도 바로 에너지로 소비할 수 있도록 준비되어 있습니다. 사람의 신체 기관 중에서 '뇌'는 당분이 들어 있는 물질을 유일한 에너지원으로 쓰기 때문에 꼭 필요한 곳입니다.

어느 의학 드라마[9]에서 수술 집도를 하고 나서 검 시럽(gum syrup)[10]을 단숨에 마시는 장면이 나옵니다. 검 시럽을 마셔서 혈액 안의 혈당치를 순식간에 확 올려서 뇌에 에너지를 공급하기 위해서입니다.

하지만 에너지로 사용하지 못한 당은 살, 즉 체지방으로 축적되어 당뇨병을 일으킬 위험이 올라갑니다.

● 각설탕 두 개의 칼로리는 얼마나 될까?

그런데 각설탕 한 개의 칼로리는 도대체 어느 정도일까요?

설탕은 수크로스(sucrose)라는 물질로 이루어져 있습니다. 수크로스는 단당류인 포도당(glucose)과 과당(fructose)이 합쳐진 이당류

---

9) 2012년, TV아사히에서 방영된 〈닥터 X 외과의 다이몬 미치코〉입니다.
10) 시판되는 검시럽은 사실은 '슈가 시럽'으로 설탕과 물을 함께 끓인 것입니다. 원래 검 시럽은 화학적으로 만든 포도당 과당액으로 되어있습니다.

(disaccharide)입니다.

따라서 설탕을 섭취하면 포도당과 과당으로 소화, 흡수되어 간을 거쳐서 혈액 안으로 들어가게 됩니다.

과당 역시 간을 거쳐서 혈액 안으로 들어가면 포도당으로 바뀝니다. 따라서 설탕을 섭취하면 모두 포도당으로 바뀌어서 혈액 안에 남아 있습니다.

혈액 안의 포도당은 '혈당'이라고 하고 몸 안의 각 세포에 운반되어 이용됩니다.

참고로 알려드리자면 밥이나 빵에 들어 있는 전분도 포도당이 다수 결합하여 있는 것입니다. 밥이나 빵을 먹으면 포도당으로 소화, 흡수되어 간을 거쳐서 혈액 안으로 들어가면 마찬가지로 혈당이 됩니다.

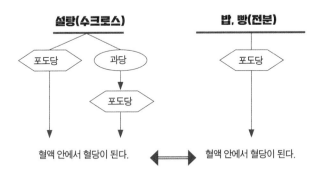

설탕(수크로스) / 밥, 빵(전분)

포도당 / 과당 → 포도당 / 포도당

혈액 안에서 혈당이 된다. ◄► 혈액 안에서 혈당이 된다.

더는 설탕에서 유래한 것인지 밥이나 빵에서
유래한 것인지 구분할 수 없게 된다!

혈당으로 바뀌면 그 포도당이 설탕에서 유래한 것인지 밥이나 빵에서 유래한 것인지 더는 구분할 수 없습니다.

섭취해서 발생하는 칼로리도 탄수화물은 1그램당 4킬로칼로리(kcal)인데 전분과 설탕도 마찬가지입니다.

각설탕의 칼로리는 각설탕 한 개의 무게를 3그램이라고 하면 각설탕 3그램 곱하기 4킬로칼로리이기에 12킬로칼로리입니다.

커피를 마실 때 각설탕을 두 개 넣으면 블랙커피로 마실 때보다 각설탕 두 개 곱하기 12킬로칼로리이어서 24킬로칼로리를 섭취하는 것입니다.

하루에 각설탕 두 개가 들어간 커피를 두 잔 마시게 되면 약 50킬로칼로리를 섭취하는 것입니다. 그런 식으로 커피를 한 달 동안 마시면 50킬로칼로리 곱하기 30일 해서 1500킬로칼로리를 섭취한 셈이 됩니다.

● 당분이 들어 있는 음식보다 걱정해야 할 것

날마다 각설탕을 두 개씩 섭취하고 그것이 모두 중성지방으로 몸에 축적된다고 합시다. 몸무게는 한 달에 100.2그램, 즉 0.1킬로그램이 늘어납니다. 하루에 각설탕 두 개가 들어 있는 커피를 두 잔 마시면 몸무게는 한 달에 0.2킬로그램 늘어나게 되는 것입니다.

그렇다면 샐러드에 마요네즈를 뿌려서 먹으면 칼로리가 어떻게 될지 생각해봅시다.

평균적으로 마요네즈를 뿌리는 분량은 샐러드 한 접시당 15그램 정도로 이것은 105킬로칼로리입니다. 샐러드 한 접시를 한 달 동안 매일 먹으면 3150킬로칼로리를 섭취한 셈이 되고, 이틀에 한 번 먹으면 약 1500킬로칼로리를 섭취한 셈이 됩니다.

요컨대 각설탕 두 개가 들어 있는 커피를 매일 두 잔씩 마시는 것과 이틀에 한 번 마요네즈를 15그램 정도 뿌린 샐러드 한 접시를 먹는 것과 같은 칼로리를 섭취한 것이 됩니다.

만약에 다이어트 효과를 얻고 싶다면 커피나 홍차에 설탕을 빼고 마시는 것보다는 칼로리가 높은 식품을 주의하는 편이 좋을 것입니다.

한 달 칼로리 섭취량은 거의 같다

날마다 두 잔씩 각설탕 두 개가 들어간 커피를 마신다

마요네즈 15그램을 뿌린 샐러드를 이틀에 한 접시 먹는다

각설탕 두 개 = 24킬로칼로리
→ 하루에 두 잔 마시면 48킬로칼로리
→ 한 달에 약 1500킬로칼로리

샐러드 한 접시당 15그램
→ 한 접시에 105킬로칼로리
→ 이틀에 한 접시씩 한 달에 약 1500킬로칼로리

05

콜라를 마시면
뼈가 녹는다는 것은 정말인가?

일찍이 생선 뼈나 빠진 치아 등을 콜라에 집어넣는 실험이 이루어진
적이 있고 실제로 생선 뼈나 치아가 콜라에 녹아서 부드러워졌습니
다. 그래서인지 종종 '탄산이 뼈를 녹인다'라는 말을 듣는데 이것은
정말인가요?

● 뼈가 부드러워지는 이유

치아나 뼈의 성분은 인산칼슘이라는 화합물입니다. 정확히 말하면 치아나 뼈는 생체 인회석 (apatite)으로 이루어져 있습니다.

콜라에 집어넣은 치아나 뼈는 산의 작용으로 녹아서 칼슘 등 미네랄이 빠져나가는 '탈회현상'을 겪게 됩니다. 그래서 치아나 뼈가 부드러워지는 것입니다.

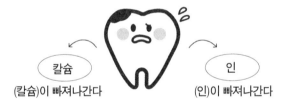

미네랄이 빠져나가는 탈회현상

칼슘
(칼슘)이 빠져나간다

인
(인)이 빠져나간다

그렇지만 이산화탄소가 물에 녹아서 만들어지는 탄산은 산이라고 하기에는 너무나도 약하기 때문에 탄산의 작용으로 콜라에 집어넣은 치아나 뼈가 부드러워지는 것은 아닙니다.

콜라 같은 청량음료수에는 탄산보다 훨씬 강한 산이 들어 있어서 그것이 치아나 뼈를 부드럽게 만드는 것입니다. 그것은 청량제로 첨가된 산미료인 인산, 구연산, 사과산 등입니다. 콜라에는 인산이 포함되어 있습니다.

따라서 이런 산미료가 많이 들어 있는 청량음료에 치아나 뼈를 넣어두면 산의 작용으로 탈회현상이 일어나는 것입니다.

주요 산미료

인산	떫은맛을 지닌 신맛이 특징. 많은 식품에 첨가물로 포함되어 있다
구연산	감귤류 신맛의 주성분. 당밀이나 전분이 원료
사과산	사과 등 과일류에 많이 포함되어 있다.
젖산	진한 맛과 약간 떫은맛이 특징. 유산균의 발효로 이루어진다
아세트산	코를 찌르는 자극적인 냄새와 신맛이 특징. 식초의 주성분

신맛이 나는 청량음료 쪽이 산미료가 잔뜩 포함되어서 산의 작용도 강합니다. 예를 들어 '○○ 레몬' 같은 이름의 상품이 있는데 이런 상품에는 구연산이 포함되어 있어서 콜라보다 훨씬 탈회현상이 잘 일어납니다.

● 몸 안에서 뼈를 녹일 수는 없다

청량음료를 마시면 이에 직접 닿게 됩니다. 그러니까 청량음료에

'이가 녹을' 가능성은 있습니다.

그러나 입안에는 침이 있습니다. 침은 산을 약하게 만들기 때문에 침이 잘 분비되면 걱정할 필요가 전혀 없습니다.

그리고 위에 들어간 산미료는 몸 안에 있는 뼈에 직접 닿지 않기 때문에 청량음료를 마신다고 해서 뼈가 녹을 걱정은 전혀 없습니다.

애초에 산에 대해 걱정이 된다면 꼭 기억해야 할 것은 위액입니다.

위액은 염산이 포함되어 있어서 강한 산성을 띠고 있습니다.

위액은 하루에 1~2리터나 분비되기에 만약에 청량음료의 산미료 정도로 몸 안의 뼈가 녹는다면 그 전에 먼저 위액의 염산으로 뼈가 녹을 것입니다.

● **인을 과잉 섭취했을 때 나타나는 영향**

산의 작용이 아니라 인(phosphorous)을 과잉 섭취해서 나쁜 영향이 나타날 수도 있습니다.

인은 혈액 안의 칼슘이온과 결합해서 인산칼슘으로 배출되는데 그때 뼈에서 칼슘이온이 녹는다는 주장이 있습니다. 하지만 원래 인은 몸 안의 모든 조직과 세포에 포함되어 있습니다.

그리고 인은 청량음료 등에 들어 있는 첨가물로 섭취하지 않더라도 모든 식품에 거의 다 들어 있습니다. 평소에 먹는 식품 대부분에 인이 들어 있습니다. 청량음료나 가공식품의 첨가물로 포함된 인을 아예 먹지 않는다고 해도 인의 총섭취량은 5퍼센트 밖에 줄어들지 않는 셈이 됩니다.

만약에 청량음료와 가공식품만 잔뜩 먹어서 인을 과잉 섭취하는 경우 어떤 문제가 생기게 될지도 모릅니다. 하지만 이것도 인이나 청량음료의 피해라기보다는 잘못된 식습관으로 빚어진 피해라고 할 수 있습니다.

● 탄산음료의 역사

그런데 탄산음료는 어떻게 탄생해서 널리 퍼졌을까요? 근대화 과정에서 상수도가 완전히 정비되기 전에 수돗물에서 곰팡이 냄새가 나는 문제가 발생합니다. 그래서 마실 물로 땅에서 솟아나는 용천수(spring water)가 판매되었습니다. 일찍이 유럽에서 용천수로 가장 유명했던 것은 독일의 바트 피르몬트의 물입니다.

독일의 바트 피르몬트 근처에서 솟아나는 물로 탄산염이 많이 포함되어 있어서 맛이 좋고 물에 포함된 탄산이 가스 상태가 될 때 상쾌한 기분을 느끼게 합니다. 맥주 병마개 기술이 확립된 후에는 바트 피르몬트의 물이 독일에서 유럽 전역으로 수출되었습니다.

하지만 바트 피르몬트의 물이 너무 비싸서 인공 바트 피르몬트의 물이 개발되었습니다. 물에 이산화탄소를 녹인 탄산수를 판매하기 시작한 것입니다.

그 후 탄산나트륨을 녹인 물에 구연산과 아세트산을 넣어서 탄산수를 만들었습니다. 탄산나트륨에 구연산 같은 산을 넣으면 이산화탄소가 발생합니다. 탄산나트륨은 보통 소다라고 하기에 이 물은 소다수라고 부르게 되었습니다. 18세기 후반에는 과즙과 감미료를 더한 요즘 탄산음료[11]의 원형이 만들어졌습니다.

---

11) 코카콜라는 처음에 탄산음료가 아니었습니다. 1885년, 코카인과 콜라와 와인을 섞은 약용주로써 팔리기 시작했습니다. 그런데 바로 금주운동이 일어나고 1886년, 와인을 뺀 탄산음료 코카콜라가 발매되었습니다. 코카인 중독 문제가 일어나서 1903년에는 코카인을 빼고 지금의 코카콜라를 만들었습니다.

06

간장을 너무 많이 먹으면
죽는다는 것은 정말인가?

약물이나 독물, 독소로 인해 안 좋은 반응이 일어나는 것을 중독이라
고 합니다. 간장은 물론 맹물을 한꺼번에 너무 많이 마셔도 중독이
일어납니다.

● 전쟁 중에 징병을 피하려고 간장을 대량으로 마셨다?

아주 오래전 일본에 징병제가 있던 시절, 남자는 스무 살이 되면 신체검사로 징병 검사를 받았습니다.

그때 징병을 피하려고 신체검사 전에 간장을 대량으로 마신 사람이 있었다고 합니다. 간장을 한꺼번에 많이 마시면 얼굴색이 파랗게 변하고 심장 고동이 세차게 빨라지기에 심장병이라는 진단을 받는다는 것입니다. 하지만 징병을 피하는 대신 간장을 대량으로 먹어서 쉽게 고칠 수 없는 질병에 걸리거나 목숨을 잃는 안타까운 사례도 생겼다고 합니다.

● 간장을 대량으로 섭취하면 소금 중독

간장을 대량으로 먹었을 때 문제가 되는 것은 바로 소금 중독입니다. 소금의 주성분은 염화나트륨입니다. 일반적인 간장은 소금 농도가 약 16퍼센트입니다. 간장 100밀리리터를 먹는다고 했을 때 그 안에 들어 있는 소금양은 18그램이 됩니다.

소금의 급성 독성 반수 치사량(LD50)[12]은 몸무게 1킬로그램당 3~3.5그램[13] 정도입니다.

---

12) 물질의 급성 독성의 잣대로 독성을 투여한 동물의 반수가 사망하는 용량을 뜻합니다. LD50은 'Lethal Dose, 50퍼센트'의 약자입니다.

13) 자료에 따라서는 '0.75~5그램' 또는 '0.5~5그램' 등으로 나와 있어서 명확하게 규정하기는 어렵습니다.

몸무게 60킬로그램의 사람이라면 소금 180그램을 섭취했을 때 반수가 죽는다는 뜻입니다. 그렇다면 간장 1리터를 먹으면 소금 180그램을 섭취한 셈이 되는 것입니다. 하지만 실제로는 소금의 급성 독성 반수 치사량의 범위가 자료에 따라 다르고 사람 몸의 상태에 따라 다르기에 소량이라고 해도 소금을 한꺼번에 섭취하는 것은 위험합니다.

의료 현장에서 소금 중독이 발생하는 사례도 있습니다. 환자의 위 세척을 고농도 식염수로 하거나 구토를 유도하기 위해 식염수를 다량으로 먹이는 경우 소금 중독이 발생합니다. 소금 중독이 발생하면 각 장기의 울혈, 거미막하출혈(subarachnoid hemorrhage) 및 뇌 안의 출혈이 확인되고 있습니다.

소금의 반수 치사량
몸무게 1킬로그램당 3~3.5그램
몸무게 60킬로그램의 경우 약 180그램

간장에 포함된 소금
100밀리리터당 18그램
1리터(1000밀리미터)라면 약 180그램

몸무게 60킬로그램의 사람이 간장 1리터(소금 180그램)를 먹는 경우 사람의 반수는 죽을 위험이 있다

● 물을 너무 많이 마셔도 위험하다

건강한 성인의 몸은 약 60퍼센트가 물로 이루어져 있습니다. 그런데 그중에서 20퍼센트의 물이 손실되면 목숨을 잃게 된다고 합니다.

단식을 할 때도 음식은 먹지 않아도 대부분 물은 꼭 마십니다. 아무 음식을 먹지 않아도 물이라도 마시면 2~3주 동안 생존이 가능하다는 자료도 있습니다. 그만큼 물은 생명과 직결되는 굉장히 중요한 것이라고 할 수 있습니다.

하지만 물도 너무 많이 마시면 해롭고 자칫 죽음에 이를 수도 있습니다. 실제로 2007년 1월, 미국에서 '물 많이 마시기 대회'에 나가서 화장실에 가지 않은 채 그 자리에서 7.6리터의 물을 마셨던 28세 여성이 다음날 집에서 사망한 사례가 있습니다. 물을 갑자기 대량으로 마시면 체액의 나트륨 이온 등 전해질의 농도가 낮아져서 물 중독[14]이 일어나게 됩니다.

안전하다고 여겨지는 물이지만 마시는 양이나 방법에 따라서는 중독을 일으킬 수 있는 것입니다.

---

14) 또한, 시민 마라톤 대회 등에서 물을 너무 많이 마셔서 물 중독으로 죽거나 장애를 입은 경우도 있습니다. 디톡스 요법이라면서 물을 한꺼번에 많이 마셔서 물 중독으로 해를 입는 사람도 있습니다.

● 영유아의 중독 사고에 주의해야 한다

종종 일어나는 중독 사고와 그 대처법에 대해 핵심을 살펴보기로 합시다.

· 고령자와 생활하는 사람이 주의해야 할 점

고령자의 경우에는 '부주의로 인한 중독 사고'와 '치매 노인의 중독 사고'가 있습니다. 고령자에게 발생하는 중독 사고를 막기 위해서는 중독의 원인이 되는 것을 철저히 관리하는 것이 가장 중요합니다. 가정용품이나 의약품, 기타 중독을 일으키는 원인이 되는 것을 온 가족이 함께 관리해야 할 정도로 고령자를 배려해야 합니다.

· 아이에게 중독 사고가 일어나는 상황

중독 정보 센터에 도착하는 일반인 상담 중에 압도적으로 많은 것은 5세 미만의 아기와 어린아이에게 발생하는 사고입니다. 영유아 중독 사고가 상담 건수의 대부분을 차지한다고 합니다.

집 안에 넘쳐나는 화학제품을 착각해서 마시거나 먹는 중독 사고가 일어나는 것입니다. 더구나 아기와 어린아이는 무엇을 얼마나 먹었는지 알 수 없고, 증상이 나타나서야 뒤늦게 아는 사례가 있으므로 평소에 세심한 관찰이 필요합니다.

입에 들어간 것은 빨리 토하게 해야 좋습니다.

하지만 억지로 토하게 해서는 안 되는 경우도 있습니다. '의식이

없거나, 몽롱한 상태다', '경련이 일어나고 있다', '등유 등 석유 제품
을 마셨다', '강한 산이나 알칼리성 물질을 마셨다'라고 의심될 때가
그렇습니다.

● 중독 사고가 일어나면 어떻게 해야 할까?

밀폐된 공간에서 일산화탄소 중독이 발생했을 때는 어떻게 해야
할까요? 일산화탄소는 무색, 무취라서 뒤늦게 인식해서 커다란 사고
로 이어지기에 주의해야 합니다. 일산화탄소 중독 증상은 두통, 메스
꺼움, 구토, 이명, 호흡 곤란, 맥박 증가가 있습니다. 평소 보일러나
난방기에서 불완전연소 가스가 새지 않는지 사전 점검이 중요하고
실내에서는 나무나 탄소 연소를 하지 않도록 합니다. 일산화탄소 중
독이 의심되면, 빨리 창문을 열어 환기를 시키고 중독이 일어난 곳에
서 벗어나야 합니다.

07

다이어트를 하면
수명이 줄어들까?

지금 한창 다이어트 중이거나 다이어트에 도전했다가 요요 현상이 와서, 고생하는 사람이 있을지도 모릅니다. 그런데 정말로 다이어트 란 게 필요한지 생각해보기로 합시다.

● 당신은 저체중, 정상, 과체중, 비만 중 어디에 해당하는가?

신체 질량 지수(BMI)는 다음과 같은 식으로 구할 수 있습니다.
이것은 신체 질량이 어느 정도인지 알 수 있는 척도입니다.

신체 질량 지수(BMI) =

몸무게(킬로그램) ÷ [키(미터) × 키(미터)]

* **신체 질량 지수(BMI)는** Body Mass Index**의 약자**

신체 질량 지수(BMI)에서는 저체중, 정상, 과체중, 비만을 다음과
같이 구분합니다. 당신은 어디에 해당합니까? 전자계산기를 이용해
서 계산해보세요.

저체중	18.5 미만
정상	18.5 이상 25.0 미만
과체중	25.0 이상 30.0 미만
비만	30.0 이상

● 가장 오래 사는 사람은 과체중인 사람이다

2009년, 후생노동성 연구반의 신체 질량 지수와 관련한 검사 결과를 살펴보겠습니다. 쓰지 이치로 도호쿠 대학교 교수가 이 연구를 주도했습니다. 미야기현의 40세 이상 주민, 약 5만 명의 건강 상태를 12년 동안 추적 조사를 했습니다. 그 결과 가장 오래 산 사람은 '과체중'인 사람이라고 합니다. 여성은 '과체중'인 사람이 '정상'인 사람과 비교해서 크게 다르지 않지만, 남성은 '과체중'인 사람이 '정상'인 사람보다 2년 더 살았습니다. '비만'인 사람은 '정상'인 사람과 생각보다 크게 다르지 않았습니다.

문제는 '저체중'입니다. '저체중'인 사람이 가장 일찍 죽었습니다. '정상'인 사람과 비교해서 '저체중'인 남성은 약 5년 일찍 죽었습니다. '과체중'인 사람과 비교해서 '저체중'인 남성은 약 7년 일찍 죽었습니다. '저체중'인 여성은 '정상'인 사람보다 약 6년 정도 일찍 죽었습니다.

이런 결과는 일본인을 대상으로 한 다른 연구에서도 마찬가지로 나왔습니다. 이 결과를 볼 때 신체 질량 지수(BMI)가 30 가까이라고 해도 일상생활에서 아무런 어려움 없이 움직일 수 있는 정도라면 혈압과 혈당치 등 검사 자료에 이상이 없는 한, 무리해서 살을 뺄 필요는 없다고 할 수 있습니다.

하지만 움직이는 것조차 버거울 정도로 비만일 때는 그것이 스트레스가 될 것입니다. 또한, 비만은 심장에 부담을 주고 무릎 등에 고장을 일으키기도 쉬워 그런 경우 다이어트를 생각하는 것이 좋습니다.

● 소비 칼로리가 섭취 칼로리보다 많아야 하는 것이 대원칙

만약에 다이어트를 생각한다면 '다이어트를 하지 않아도 살을 뺄 수 있다' 또는 '잠을 자는 사이에 살이 빠진다'라는 솔깃한 말을 내세우는 건강 보조 식품은 주의해야 합니다.

이런 건강 보조 식품을 먹는다고 해도 애초에 섭취하는 칼로리가 소비하는 칼로리보다 적어야 살을 뺄 수 있습니다.

다이어트를 하면 지방을 이용해서 세포가 에너지를 발생시키게 됩니다. 그렇다면 지방세포를 적게 만드는 방식으로 살을 빼는 것이 좋습니다. 그러기 위해서는 균형 잡힌 식사를 하도록 신경 쓰면서 섭취 에너지를 줄이는 것이 중요합니다.

다이어트를 할 때는 섭취 에너지보다 소비 에너지를 늘리는 방법이 가장 좋습니다.

● '몸 안의 수분을 쫙 빠지게 하는 다이어트'는 주의해야 한다

땀을 잔뜩 흘리게 해서 몸무게를 줄이는 다이어트 방법이 있습니다. 예를 들어 사우나에서 잔뜩 땀을 흘리면, 흘린 땀만큼 몸무게가 줄어듭니다. 윈드브레이커 같은 사우나복을 입고 조깅을 하거나 살을 빼고 싶은 부분에 랩을 감아두거나 파라핀 팩을 해서 땀을 배출

51

하는 다이어트 방법도 있습니다. 이런 식으로 땀을 배출하는 다이어트 방법을 쓰면 확실히 짧은 기간 동안 몸무게가 확 줄어듭니다.

성인의 몸은 몸무게의 약 60퍼센트가 물입니다. 그러니까 몸무게 50킬로그램인 사람의 몸은 약 30킬로그램이 물이라는 뜻입니다. 몸 안에 있는 수분을 배출하거나 공급하면 몸무게는 쉽게 달라집니다. 물을 마셔서 몸 안으로 물을 공급할 때와 땀을 흘려서 수분을 배출할 때의 몸무게 변화는 굉장히 큽니다.[15)]

하지만 단순히 땀을 흘려서 수분이 배출되어 몸무게를 줄인다고 해도 그것은 일시적인 현상일 뿐입니다. 다시 물을 보충해주면 몸무게는 원래대로 되돌아가기 때문입니다. 물을 적당히 마시지 않으면 건강에 해롭습니다. 땀을 흘려서 몸무게를 줄이는 방법은 그저 몸 안의 수분을 쫙 빠지게 할 뿐입니다.

● 다이어트를 할 때 요요현상이 일어나는 것은 당연하다

다이어트를 해서 섭취 칼로리를 줄이는 것은 몸에는 적신호입니다. 먼저 몸은 기초대사를 줄이고 칼로리 소비를 절약하기 때문입니다. 칼로리를 쓸데없이 낭비하지 않으려고 섭취한 음식물의 칼로리를 최대한 활용합니다. 그리고 원래 몸무게로 돌아가기 위해 식욕이 늘어나는 방향으로 뇌가 작용합니다.

그래서 다이어트를 할 때 요요현상이 나타나는 것은 어쩌면 당연한 일인지도 모릅니다.

다이어트를 하면 기아 상태에 빠진 몸이 되어버립니다. 기초대사가 떨어지고 조금의 영양분으로도 살아갈 수 있는 몸이 되고 그것을 초과하는 영양분은 다음에 찾아올 '굶주림'에 대비해 지방으로 축적됩니다.

독일의 영양학자 니콜라이 웜 박사는 1998년까지 실시한 각종 연구 결과를 상세하게 분석해서 '감량이 반드시 몸에 좋거나 사망률이 줄어들기는커녕 오히려, 감량을 하고 나서 당뇨병에 걸릴 확률이나 심근경색과 뇌졸중에 걸릴 확률이 높아진다는 결과가 나왔습니다.

2009년 일본 후생노동성 연구반[16]의 대규모 조사 결과를 보면 살이 빠지는 것이 비만보다 더 위험하다고 합니다. 성인이 되고 나서 5킬로그램 이상 몸무게가 줄어든 중년 남성과 여성은 사망 위험이 1.3~1.4배나 높아진다는 사실이 밝혀졌습니다. 반대로 몸무게가 늘어나서 사망률이 높아졌다는 결과는 보고된 바 없습니다.

건강에 좋을 거라 여겼던 다이어트가 반대로 건강에 나쁜 영향을 줄 수도 있다는 사실을 꼭 기억하기 바랍니다.

---

15) 물 1리터를 마시면 몸무게는 1킬로그램 늘어납니다.
16) 주임 연구자는 츠가네 쇼이치로 국립암센터 예방 연구부장

08

'건강 보조 식품을 먹기만 해도
살이 빠진다'라는 것은 근거가 있을까?

텔레비전 프로그램이나 광고에서 모델이 "건강 보조 식품을 먹기만
해도 다이어트에 성공할 수 있다"라고 말하는 장면을 보게 됩니다.
실제로 건강 보조 식품을 먹기만 해도 살이 빠질까요?

● 건강식품이나 건강 보조 식품은 '약효가 잘 든다'라고 하지 않는다

다이어트용으로 많은 건강 보조 식품이 시중에 판매되고 있습니다. 마치 건강 보조 식품을 먹기만 해도 몸무게가 줄어들 것 같이 선전하는 일이 적지 않습니다.

보기에는 의약품 같은 건강 보조 식품이라고 해도 건강 보조 식품은 어디까지나 식품에 속합니다. 의약품은 '약효가 잘 듣느냐, 마느냐', '부작용은 어떤 것이 있는가' 등을 철저하게 조사합니다. 하지만 식품은 마시거나 먹거나 해서 문제가 없으면 얼마든지 판매 가능합니다.

그래서 건강식품이나 건강 보조 식품은 의약품과 달리 지면 광고나 텔레비전 광고에서 '약효가 잘 든다'라고 선전할 수 없습니다. 특정 보건용 식품이라고 해도 식생활 개선에 도움이 된다는 수준에서만 그 효과를 선전할 수 있습니다.

건강식품이나 건강 보조 식품 광고를 할 때 효과와 효능을 문구로 표시하면 위법입니다. 그래도 건강 보조 식품 업자는 어떻게든 효능을 선전하고 싶어서 법률에 위배되지 않게 교묘하게 '약효가 잘 든다' 같은 이미지를 연출하고 있습니다.

예를 들어 텔레비전에서는 건강 보조 식품을 먹기만 해도 다이어트가 되는 것처럼 시청자가 착각하게 만드는 다양한 수법이 시도됩니다. 그리고 구석에 조그맣게 '개인의 감상입니다'라는 표시를 해두고 있습니다.

● 원래 다이어트는 이런 것이다

다이어트를 하고 싶다면 섭취 에너지보다 소비 에너지를 늘리는 방법이 가장 좋습니다. '건강 보조 식품을 먹기만 하고 다른 것은 아무것도 하지 않아도 다이어트가 된다'라는 것은 불가능한 일입니다.

따라서 가장 의심해야 할 건강 보조 식품은 '다이어트를 하지 않아도 살을 뺄 수 있다' 또는 '잠을 자는 사이에 살이 빠진다'라는 솔깃한 선전 문구를 내세우는 상품입니다.

● 텔레비전 프로그램에서 소개하는 다이어트 성공기의 이면

그런데 텔레비전 프로그램에는 다이어트 참가자들이 건강 보조 식품 섭취만으로 몸무게가 줄어들었다는 이야기가 종종 등장합니다. 도대체 어떻게 그럴 수가 있을까요?

실제로 어떤 다이어트 방법을 실행해도 몸무게가 줄어들 가능성은 얼마든지 있습니다.

예를 들어 '아침에 바나나를 먹어 다이어트한다'라는 책이 있다고 합시다. 그 책을 잘 살펴보면 저녁은 밤 9시 이후에 먹지 않는다는 등 바나나와 전혀 상관없는 일반적인 다이어트 방법이 자세하게 소개되어 있습니다. 그 다이어트 방법을 잘 지키면 아침에 바나나를 먹는 것 따위 필요 없다는 생각이 듭니다.

텔레비전 프로그램에서 소개하는 다이어트 실험에는 한 가지 비법이 있습니다. 당연한 말이지만 다이어트 실험을 할 때는 날마다 몸무게를 측정합니다. 그리고 이렇게 날마다 몸무게를 측정하는 것이 핵심입니다. 이 비법은 의료 기관 비만 치료에도 종종 이용합니다.

그 방법은 다음과 같습니다. 날마다 2~4번씩 몸무게를 측정하고 그래프로 기록합니다. 몸무게 기록과 식사 기록을 함께 작성하면 더욱 효과적입니다. 특별한 효과가 없는 다이어트 방법이라고 해도 몸무게 기록과 식사 기록을 함께 작성만 해도 살이 빠지는 경우가 있습니다. 날마다 몸무게를 측정하라고 하면 어떤 때 몸무게가 늘어나는지 무엇을 했을 때 몸무게가 줄어드는지 생각합니다. 그런 과정을 통해 스스로 살이 찌지 않도록 생활습관을 되돌아보고 고쳐나갑니다. 그렇게 하면 결과적으로 몸무게가 줄어듭니다.

이것을 행동 수정 요법(behavior modification method)이라고 합니다. 비만이 되었던 생활 습관상의 문제점이 밝혀지고 그 문제점을 조금씩 수정해갑니다. 그렇게 하면 살찌기 어려운 생활습관으로 바뀌는 것입니다. 오랜 세월 무의식중으로 하고 있던 생활을 되돌아보는 계기가 되기 때문에 행동 수정 요법은 따라 해도 좋은 방법입니다.

그리고 실험 참가 효과가 있습니다. 다이어트 실험 참가자가 기대에 부응하기 위해 건강 보조 식품을 섭취할 뿐만 아니라 식사량을 줄이거나 운동을 해서 나타나는 효과입니다. 다른 참가자에게 뒤지지 않으려거나 의뢰한 사람의 기대에 부응하기 위해 열심히 노력하게 됩니다.

이렇듯 건강 보조 식품을 섭취해서 나타나는 직접적인 효과가 아닌 요인으로 '다이어트에 성공했다'라고 주장하는 경우가 많이 있는 것입니다.

09

담배를 피우면
폐암에 걸린다는 것은 정말인가?

흡연자 중에 "담배를 피운다고 몸에 나쁜 것은 아니다"라면서 "담배를 피우지 않아도 폐암에 걸린다"라고 항변하는 사람이 있습니다. 하지만 이것은 크게 착각하고 있는 것입니다.

● "담배를 피우지 않아도 폐암에 걸린다"라는 것은 지식 부족

일본의 성인 남성 중 흡연자 비율은 2017년, 28.2퍼센트로 가장 흡연율이 높았던 1961년, 83.7퍼센트에 비하면 크게 줄어들었습니다. 성별·연대별 흡연율 추이 그래프를 참조해주세요. 그렇지만 아직도 외국보다 흡연자가 많은 상황[18]입니다.

한편 폐암으로 사망하는 사람의 수는 점점 늘어나고 있습니다.

성별·연대별 흡연율 추이

(일본 전매 공사, 일본 담배 산업 주식회사 조사 결과)

---

18) 세계보건기구(WHO)의 '세계 보건 통계 2018'을 보면 일본 남성 흡연율은 149개국 중 70위로 G7 국가 중에서 프랑스에 이어 흡연율이 높습니다. 전 세계 흡연자는 15세 이상, 11억 명이라고 합니다. 그리고 흡연이 원인이 되어 사망한 사람은 연간 700만 명 정도로 추정됩니다.

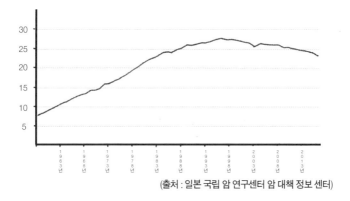

폐암 연령 조정 사망률 연차 추이(남녀 합계, 모든 연령)

(출처 : 일본 국립 암 연구센터 암 대책 정보 센터)

담배 연기에는 사실 70종류 이상의 발암 물질이 들어 있습니다. 이
런 발암 물질이 직접 폐에 닿기 때문에 암세포가 만들어지기 쉽습니
다. 담배를 한 번 피웠다고 암에 걸리는 것은 아니지만 담배를 피우
는 횟수가 늘어날수록 암에 걸릴 확률은 급상승합니다.

　나이가 들어갈수록 여러 가지 다양한 원인으로 암에 걸리기 쉬워
집니다. 이런 영향을 보정한 것(연령 조정 사망률)으로 폐암 사망 확률
을 살펴보면 1996년을 정점으로 감소 추세로 돌아선 것을 알 수 있

습니다. 폐암 연령 조정 사망률 연차 추이 그래프를 참조해주세요. 흡연율이 줄어들면 폐암으로 사망하는 확률도 줄어든다고 할 수 있습니다.

● 암세포가 점점 늘어난다

개구쟁이 아이에게 찰과상이나 찢어지는 상처가 끊이지 않고 생기는 것은 어느 시대나 마찬가지입니다. 이런 상처는 '상처가 생긴' 그 순간 바로 다쳤다고 말합니다. 그런데 암은 그렇지 않습니다.

암은 어느 날 갑자기 걸리는 것이 아닙니다. 암세포가 어느 정도 모였을 때 비로소 암에 걸렸다고 하는 것입니다.

사실 암세포는 건강한 사람의 몸 안에서도 매일 생겨납니다. 하지만 건강한 사람은 생겨난 암세포를 100퍼센트 죽이기 때문에 암세포가 늘어나지 않습니다. 그러나 한꺼번에 많은 암세포가 생겨버리면 죽지 않고 살아남는 암세포가 생깁니다. 이렇게 살아남은 암세포가 계속해서 증식한 결과 암에 걸리는 것입니다.

그런데 암이 생겼다고 해도 세포 하나하나는 매우 작아 초기에는 발견하지 못합니다.

암세포의 크기는 한 개당 약 20마이크로미터입니다. 병원에서 암이라고 진단을 받을 무렵 2센티미터 정도의 암이 되었을 때 약 10억 개의 암세포가 모이게 됩니다. 이만큼의 수가 되기 위해서는 단순 계산으로 30번 정도의 세포분열이 필요합니다.

세포분열에 필요한 기간, 즉 세포주기는 세포에 따라 다양합니다. 만약에 세포주기가 3개월이라고 하면 암이 발견될 때까지 90개월, 즉 2년 이상 걸리게 되는 것입니다.

암을 치료하고 나서 5년이나 10년이 지난 후 재발하는 것은 이렇게 서서히 진행하는 질병이라는 점과 관련이 있습니다.

10

탄 음식을 먹으면
정말로 암에 걸릴까?

탄 생선이나 고기 등을 먹으면 암에 걸린다는 이야기를 들은 적이
있나요? 실제로 '탄 음식'은 암에 어느 정도 영향을 끼칠까요?

● 도대체 '암'이란 무엇일까?

암은 우리 가까이에 있는 질병입니다. 우리 몸은 세포 하나하나가 각각 자신의 역할을 충실히 해내기 때문에 건강한 상태를 유지할 수 있습니다. 하지만 그때까지 정상적으로 움직이고 있던 세포가 어떤 계기로 자신의 역할을 망각한 듯 제멋대로 날뛰기 시작합니다. 그때 세포는 '암으로 변했다'라고 말할 수 있습니다. 그리고 암으로 변한 세포를 암세포라고 부릅니다.

더욱 안 좋은 것은 이 암세포는 다른 곳으로 전이하기 쉽고 몸의 어디든지 가서 증식하는 고약한 성질을 갖고 있습니다. 암세포는 증식해서 종양이라는 혹 상태가 됩니다.

암의 발생과 진행 구조

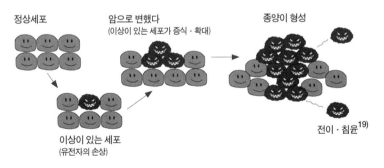

정상세포

암으로 변했다
(이상이 있는 세포가 증식·확대)

종양이 형성

이상이 있는 세포
(유전자의 손상)

전이·침윤[19]

19) '침윤'이란 암세포가 주위의 조직이나 장기에 침입해서 퍼지는 것을 말합니다.

● 암을 방지하기 위한 열두 가지 조항에 '탄 음식'이 포함된 이유

탄 음식과 암을 연관 지어서 이야기한 것은 1978년에 일본 국립암센터에서 발표한 '암을 방지하기 위한 열두 가지 조항'이 널리 알려지고 나서입니다. 그중에서 여덟 번째 조항이 '탄 음식을 피하라'라는 내용이었습니다.

'탄 음식을 피하라'라는 내용은 암을 방지하기 위한 열두 가지 조항 발표 전에 일본 국립암센터에서 실시한 동물 실험 결과가 영향을 준 것입니다.

1970년대 일본 국립암센터 연구자가 생선의 탄 부분이 살모넬라균으로 돌연변이를 일으키는 작용, 즉 변이원성이 생기기 때문에 암이 발생할 위험이 있다고 발표한 것이 그 시작입니다. 일본 국립암센터에서 햄스터를 이용해서 탄 음식을 계속 먹이는 동물 실험을 하였습니다. 하지만 햄스터는 암에 걸리지 않았습니다. 그래서 탄 음식 중에 변이원성을 보이는 물질을 찾았더니 헤테로사이클릭아민(Heterocyclic Amine)이라는 물질이 발견되었습니다. 고기나 생선의 탄 부분에는 헤테로사이클릭아민이 1억분의 1 정도라는 미량이 포함되어 있습니다. 이것을 화학적으로 합성한 물질을 실험 동물에게 계속해서 잔뜩 먹였더니 결국 암에 걸렸다는 것입니다.

● 2만 마리를 10년 동안 매일 먹는다면?

동물 실험을 했던 연구자는 "실제로 탄 생선의 껍질이나 탄 고기를 먹어서 종양이 생기려면 꽁치의 경우 2만 마리 분량의 탄 꽁치 껍질을 매일 먹어야 합니다. 시간으로 치면 10년에서 15년은 걸립니다" 라고 말했습니다. 이론적으로 가능할지는 모르겠지만 전혀 현실성이 없는 이야기라고 생각됩니다.

● 암 예방법

2011년에 일본 국립암센터에서 새롭게 발표한 '암을 방지하기 위한 새로운 열두 가지 조항'에는 '탄 음식을 피하라'라는 항목이 사라졌습니다. 그 후 실시되었던 연구 성과를 받아들여서 대폭 바로잡았기 때문입니다.

따라서 이제 '탄 음식'을 먹어서 암에 걸릴 거라는 걱정은 더는 하지 않아도 됩니다. 하지만 아주 약한 발암 가능성은 존재하므로 걱정되는 사람은 꼭꼭 씹어서 먹는 것이 좋겠습니다. 침은 암의 발생을 억제하는 작용을 한다는 사실이 밝혀졌기 때문입니다.

현재 일본 국립 암 센터의 암 예방 · 검진 연구센터에서는 '과학적 근거를 바탕으로 하는 암 예방법'으로 다음의 6가지를 추천하고 있습니다.

· 과학적 근거를 바탕으로 하는 암 예방법

 [추천 1] 금연 ~담배를 피우지 않는다~

담배를 피우는 사람은 금연합시다. 담배를 피우지 않는 사람도 타인의 담배 연기를 최대한 피하도록 합시다.

[추천 2] 금주 ~마신다면 절도 있는 음주를 한다~

술을 마시는 경우에는 하루당 알코올 분량으로 환산해서 23그램 정도까지만 마십니다. 일본 술이라면 한 잔, 맥주라면 큰 병 하나, 소주나 증류주라면 한 잔의 3분의 2, 위스키나 브랜디라면 더블 한 잔, 와인이라면 3분의 1병 정도가 적정량입니다. 술을 마시지 않는 사람이나 술을 못 마시는 사람은 상황 때문에 억지로 술을 마시지 않는 것이 좋습니다.

[추천 3] 식사 ~편식하지 말고 골고루 잘 먹는다~

· 소금에 절인 식품, 소금 섭취는 최소한으로 한다.

· 채소나 과일이 부족 하지 않도록 한다.

· 음식물을 뜨거운 상태로 삼키지 않도록 한다.

소금은 하루에 남성은 9그램, 여성은 7.5그램 미만으로 섭취하는 것이 좋습니다. 특히 소금이 많이 든 식품, 예를 들면 젓갈, 성게알젓 등은 일주일에 한 번 이내로 먹는 것이 좋습니다.

[추천 4] 신체 활동 ~일상생활을 활동적으로 한다~

만약에 하루 중 대부분 앉아서 일을 한다면 매일 60분 정도

걷기 등 적당한 신체 활동을 합니다. 그리고 일주일에 한 번 정도는 60분 동안 빠르게 걷기나 30분 동안 달리기를 하는 등 활기차게 운동합니다.

[추천 5] 체형 ~성인기 몸무게를 적정한 범위로 만든다~

중년과 노년 남성의 신체 질량 지수(BMI) 적정치는 21~27, 중년과 노년 여성의 신체 질량 지수[20] 적정치는 19~25입니다. 신체 질량 지수가 이 범위 안에 들도록 몸무게를 관리하도록 합시다.

[추천 6] 감염 ~간염 바이러스 감염 검사와 적절한 조치를 한다~

지역 보건소나 의료 기관에서 간염 바이러스 감염 검사를 한 번은 꼭 받아보도록 합니다. 만약에 간염 바이러스에 감염된 경우에는 전문의와 상담을 바랍니다.

---

20) BMI(Body Mass Index)는 신체 질량 지수로 키에 맞는 몸무게인지 아닌지를 판정해주는 것입니다. 기준은 22, 계산식은 [몸무게(kg) ÷ 키^2(m)]입니다.

11

술을 너무 많이 마시면
DNA가 손상될까?

술을 마시고 취해서 몽롱한 기분이 되었다가 술기운이 깨면 이제 술
의 영향은 하나도 남아 있지 않다고 생각하지 않습니까. 하지만 사실
은 그렇지 않다는 것이 밝혀졌습니다.

● 술에 취하는 것의 메커니즘과 효능

술의 효능 대부분은 에탄올이라는 알코올 성분에 따른 영향입니다. 입에 들어간 알코올은 위와 작은창자에서 흡수되어 혈액 안으로 들어갑니다. 흡수된 알코올은 간에서 분해되지만 바로 분해되는 것이 아니라 혈액 안에 점점 쌓여갑니다. 알코올이 포함된 혈액이 뇌에 운반되면 술에 취했다고 느끼게 됩니다.

알코올

입 → 위 · 작은창자에서 흡수 → 혈액 안으로 →

뇌에 운반되면 취한다 → 간에서 분해 → 몸 밖으로 배출

혈액 안의 알코올 농도가 약 0.05퍼센트가 될 때까지는 쾌활해지거나 기분이 좋아져서 신나게 이야기하는 효과가 있습니다. 하지만 알코올 농도가 약 0.05퍼센트를 넘으면 뇌가 마비 상태에 빠져 나쁜 영향이 커집니다. 운동 능력이 저하해서 혀가 잘 돌아가지 않게 되거나 똑바로 걸어 다닐 수 없거나 기억이 사라져버리는 일도 있다는 것은 잘 알려져 있습니다.

혈중 알코올 농도가 0.3퍼센트 전후가 되면 몹시 취한 상태에서 고주망태 상태에 빠집니다. 알코올 농도가 0.4~0.5퍼센트 정도가 되면 혼수상태가 됩니다. 흔들어 깨워도 일어나지 못하거나 최악의 경우 죽음에 이를 정도로 위험한 상태입니다.

혈중 알코올 농도와 음주량의 기준

알딸딸하게 취하다	0.05~0.10퍼센트	맥주(1~2병) 일본 술(1~2잔)
거나하게 취하다	0.11~0.30퍼센트	맥주(3~6병) 일본 술(3~6잔)
고주망태가 되다	0.31~0.40퍼센트	맥주(7~10병) 일본 술(7잔~1병)
혼수상태가 되다	0.41~0.50퍼센트	맥주(10병 이상) 일본 술(1병 이상)

(출처 : 일본 공익 재단 법인 알코올 건강 의학 협회)

● **술을 한꺼번에 많이 마시는 것이 위험한 이유**

마신 알코올이 뇌에 도달할 때까지 30분 정도 걸린다고 합니다. 이것은 먹는 약이 효과를 발휘하는 시간과 거의 같습니다. 술을 마시거나 약을 먹으면 소화, 흡수되어 효과가 나타날 때까지 30분 정도 걸린다는 것입니다.

그런데 술을 마시고 나서 술기운이 느껴지지 않는다고 해서 자꾸 마시게 되면 시간이 어느 정도 흘렀을 때 단숨에 혈액 안의 알코올 농도가 치솟게 됩니다. 결과적으로 갑자기 기억을 잃어버리거나 심하면 죽음에 이를 때가 있습니다. 술을 한꺼번에 많이 마시는 것이 굉장히 위험한 것은 바로 이런 이유 때문입니다.

● 술을 마시면 얼굴이 붉어지는 이유

섭취한 알코올은 체내 효소의 작용으로 아세트알데히드, 그리고 아세트산으로 변화해갑니다. 아세트산은 식초로도 이용되듯이 술을 약간 마시는 정도로는 아무런 문제가 되지 않지만 아세트알데히드는 문제가 됩니다.

이 아세트알데히드는 아미노기라는 구조를 지닌 물질과 잘 반응합니다. 아미노기를 지닌 대표적인 물질은 아미노산이고 아미노산이 많이 모여 있는 것이 단백질입니다. 요컨대 아미노산은 몸을 구성하고 있는 단백질과 잘 반응한다는 것입니다. 결과적으로 이 아세트알데히드가 숙취나 술주정을 일으키는 원인이 됩니다.

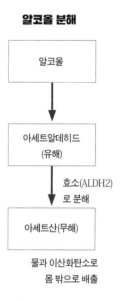

알코올 분해

알코올

↓

아세트알데히드
(유해)

↓ 효소(ALDH2)
로 분해

아세트산(무해)

물과 이산화탄소로
몸 밖으로 배출

고약한 물질 '알데히드'를 분해하는 것이 ALDH2라는 효소입니다. 이 효소(ALDH2)가 부족하면 아무리 술을 마시는 훈련을 해도 술이 세지지 않습니다.

효소(ALDH2)의
국가 별 결손율

일본	44%
중국	41%
한국	28%
태국	10%
서유럽 중동 아프리카	0%

(출처 : 히구치 스스무
『알코올 임상연구의 최전선』)

일본인은 이 효소(ALDH2)의 작용이 약한 경향이 있다는 것이 과학적으로 증명되었습니다. 예전부터 '일본인의 반 정도는 술에 약하다'라는 말을 듣는 것은 이 효소의 작용이 약하기 때문입니다. 알데히드가 몸 안에 긴 시간 축적되기 때문에 숙취가 오래 이어지는 것입니다.

그리고 술을 마시면 얼굴이 붉어지는 사람이 있는데 이것도 알데히드의 영향을 받고 있다는 증거입니다.

● **알코올은 DNA를 손상시킨다**

단백질뿐이라면 비교적 영향이 적을지도 모릅니다. 우리의 몸은 늘 대사를 하고 있어서 오래된 것은 버리고 새로운 것을 계속 만들어내기 때문에 손상을 입은 단백질이 있다고 해도 모두 다 버리면 됩니다.

하지만 아미노기를 지닌 물질은 단백질뿐만이 아닙니다. 우리의 유전 정보를 보존하는 DNA에도 아미노기가 있습니다. 아세트알데히드는 심지어 DNA까지 손상을 줍니다. DNA에는 복구기능이 있어서 다소 손상을 입더라도 문제는 없습니다. 그러나 너무 커다란

DNA 손상은 완전한 복구가 불가능합니다. 평생 DNA가 손상을 입은 상태로 축적되다 보면 결과적으로 암에 걸릴 가능성[21]이 높아집니다.

술을 너무 많이 마시면 위험하다는 말은 술을 마시고 있을 때만 기억해야 할 이야기가 아닙니다. 평생이 걸린 문제라는 사실을 잊지 말아야 합니다.

그러니까 술은 적당히 즐기면서 마시는 것이 좋습니다.

---

21) 국제 암 연구기관(IARC)은 알코올 음료의 발암 가능성에 대해 충분한 근거가 있다며 담배나 X선과 같은 그룹으로 분류하고 있습니다.

12

'피부 미인 온천'과
'미인 온천'은 뭐가 다를까?

온천은 요 몇 년 사이에 미용과 건강 붐이 일어서 관광지로도 인기
가 많습니다. 그런 온천의 효과와 효능에는 어떤 것이 있을까요?

● 산성과 알칼리성

각지에 온천이 있습니다. 그중에서도 '피부 미인 온천'과 '미인 온천'을 내세우는 온천[22]이 여성들에게 크게 인기를 끕니다. 실제로 이런 온천에 들어가서 몸을 담그고 나면 피부가 반들반들해졌다고 느끼는 사람도 많이 있습니다.

이런 효과는 온천에 포함된 몇 가지 성분 때문이라고 생각합니다. 그중의 하나가 온천수의 액성, 즉 온천수가 산성인지 알칼리성인지 결정해주는 수소 이온 농도(pH) 입니다. 환경성의 광천 분석법 지침에서는 수소 이온 농도에 따라 온천을 다섯 가지로 분류합니다.

수소 이온 농도 수치가 작을수록 산성에 가깝고 중간인 7 정도일 때는 중성, 수소 이온 농도 수치가 클수록 알칼리성에 가깝습니다.

수소 이온 농도(pH)의 차이에 따라 피부에 미치는 효과

22) 온천은 일본 온천법에 따라 25℃ 이상의 온도 또는 법에서 정하는 물질을 함유한 '땅속에서 솟아나는 온천수, 광천수 및 수증기 기타 가스'라고 정의하고 있습니다.

● 피부 미인 온천이란?

일반적으로 피부 미인 온천의 대부분은 산성천입니다. 산성천은 살균 작용이 있어서 무좀이나 습진을 비롯해 만성 피부염에 효과적입니다. 또한, 피부 표면에 있는 낡은 각질을 얇게 박리시키는 필링 효과로 피부가 깨끗해지는 기대도 할 수 있습니다. 그래서 산성을 띠는 온천이 '피부 미인 온천'이라고 일컬어지는 때가 많습니다.

하지만 주의도 필요합니다. 산성이 강해지면 그만큼 자극도 강해지고 오래 몸을 담그고 있으면 피부가 따끔따끔할 수도 있습니다. 그리고 온천 성분이 피부에 남아 있으면 오히려 피부가 거칠어질 수도 있습니다. 온천을 다 한 후, 샤워로 온천 성분을 깨끗이 씻어내는 것이 좋습니다.

● 미인 온천이란?

산성천은 '피부 미인 온천'이고, '미인 온천'이라고 불리는 온천은 대부분 알칼리성 온천입니다.

알칼리성 온천에 들어가면 피부가 매끈매끈해지고 미끈거림이 느껴집니다. 알칼리성 온천의 미끈거리는 느낌은 주로 온천 안에 들어 있는 알칼리 성분이 피부의 쓸데없는 피지 일부를 분해해서 생깁니다. 같은 알칼리성인 비누와 비슷한 성분이 포함되어서 알칼리성 온천수는 미끌미끌한 감촉이 느껴집니다.

하지만 수소 이온 농도(pH) 수치가 큰, 즉 알칼리성이 강한 온천

일수록 아름다운 피부가 되는 것은 아닙니다. 강알칼리성 온천에서
는 피지가 너무 많이 빠져나가서 피부가 푸석푸석해지기도 합니다.
강산성 온천과 마찬가지로 강알칼리성 온천의 경우 피부가 건조하
거나 피부가 약한 사람은 입욕 후 온천 성분이 피부에 남지 않도록
수돗물로 깨끗하게 씻어내는 것이 좋습니다.

　이렇게 산성 온천이나 알칼리성 온천, 둘 다 효과를 인정받고 있
습니다. 하지만 각각의 특성을 이해하고 온천을 즐기는 것이 중요합
니다. 강산성 온천이나 강알칼리성 온천에서 입욕 후에는 보습제 바
르는 것도 잊어서는 안 됩니다.

● 온천의 효과 · 효능

　온천을 하면 피부에 나타나는 효과 외에도 다양한 효과와 효능이
있다고 인정을 받고 있습니다. 효능은 온천에 몸을 담그면 온열, 부
력, 수압, 점성에 따른 물리적 작용과 온천 함유 성분과 삼투압에 따
른 화학적 작용, 그리고 주변 환경과 기후에 따른 편안함 등 정신적
인 측면인 심리적 작용으로 나눌 수 있습니다.

　온천의 함유 성분에 따른 효과는 이른바 효능(적응증)으로 온천수
의 화학적 성질(천질)과 상관없이 공통하는 일반적 적응증과 온천 수
질에 따라 정해진 온천수의 화학적 성질별 적응증을 일본 환경성이
정해두고 있습니다.

　이런 질병에 대한 효능은 경험 법칙에 따른 부분도 있고 모든 것

이 과학적으로 해명된 것은 아닙니다.

최근 온천 성분의 효능에 명확한 근거가 있는 온천은 예전에 탄산천이라고 불렸던 이산화탄소천입니다. 이산화탄소천은 모세혈관을 확장해서 혈액 순환이 잘되게 합니다.

아무튼, 온천수의 화학적 성질이라는 고유의 특징을 알아두면 목적에 맞게 이용하는 데 도움이 될 것입니다. 앞으로는 온천에 갈 때는 온천수의 성분표를 살펴보는 것이 좋을 듯합니다.

증상별 처짐 선택표(일본 환경성 : 안심·안전한 온천 이용의 기준)

'묵' = 온천욕용에 적응증이 있는 온천수의 화학적 성질
'음' = 음용에 적응증이 있는 온천수의 화학적 성질

증상 \ 종상	근육이나 관절의 통증	절림·결림	굳음(경직)	타박·염좌	이완성 소화불량·위장기능저하	혈액순환 저하, 냉증	꼬임	말초순환장애	가벼운 고혈압·당뇨	우울 등의 기분 변조	병후 회복기	예예비	피로회복 건강증진	자율신경 불안정증	수면장애·우울	아토피성 피부염	표피화 경화증 각화증이 있는 건선 만성 습진 표피 각화증	절상 및 화상	만성 피부병	만성 부인병
1 단순 온천	묵	묵	묵	묵	묵	묵							묵	묵	묵	묵	묵	묵		
2 염화물천	묵	묵	묵	묵	묵	묵	음	음	음	음	음	음	묵	묵	묵	묵	묵	묵	묵	
3 탄산수소염천	묵	묵	묵	묵	묵	묵							묵	묵	묵	묵	묵	묵	묵	
4 황산염천	묵	묵	묵	묵	묵	묵							묵	묵	묵	묵	묵			
5 이산화탄소천	묵	묵	묵	묵	음	묵						음	묵	묵	묵	묵	묵			
6 함철천	묵	묵	묵	묵	묵	묵							묵	묵	묵	묵	묵			
7 산성천	묵	묵	묵	묵	묵	묵							묵	묵	묵	묵	묵			
8 함요오드천	묵	묵	묵	음	묵	묵							묵	묵	묵	묵	묵			묵
9 유황천	묵	묵	묵	음	음	묵							묵	묵	묵	묵	묵			
10 방사능천	묵	묵	묵	묵	묵	묵						묵	묵	묵	묵	묵	묵		묵	

81

제**2**장

'부엌'에 넘쳐나는 과학

13

정수기는 어떻게
물을 깨끗하게 만들까?

'맛있는 물을 마시고 싶다', '수돗물 냄새가 신경 쓰인다', '안전한 물을 마시고 싶다', '건강에 좋을 것 같다' 등의 이유로 정수기의 보급률이 높아지고 있습니다. 정수기는 어떤 구조로 되어 있을까요?

● 수돗물과 '냄새 물질'

수돗물을 만드는 정수장에서는 커다란 입자와 더러운 침전물이 걸러지고 유기물의 분해 등이 이루어집니다. 마지막에 소독을 위해 염소 살균을 해서 각 가정으로 수돗물이 보내집니다. 일본 수도법에 따르면 각 가정의 수도꼭지에서 나오는 수돗물에 염소가 일정량, 1리터당 0.1밀리그램 이상 정확히 남아야 하는 것이 의무입니다.[23] 염소가 남아 있어야 병원성 세균 등이 포함되지 않은 물이 가정까지 도달할 수 있는 것입니다.

하지만, 수돗물을 만드는 원수(原水)에 포함된 더러움과 염소가 결합해서 독특한 냄새를 느끼게 할 때가 있습니다. 그래서 그런 '냄새 물질'을 활성탄으로 제거해서 맛있는 수돗물을 만드는 것에서 정수기가 시작되었습니다.

---

23) 수돗물에는 염소가 1리터당 0.2밀리그램 정도 포함되어 있다고 합니다.

● 정수기의 구조

정수기의 기본 구조는 회사마다 거의 비슷합니다. 활성탄과 마이크로 필터(중공사막)를 조합한 것입니다.

수돗물을 정수기 안의 활성탄과 마이크로 필터로 여과하거나 흡착해서 잔류 염소, 붉은 녹, 냄새 등을 제거합니다. 정수기는 수도꼭지에 부착하는 유형과 물을 여과재로 채운 탱크에 넣었다가 빼는 스탠드 유형이 있습니다.

정수기의 기본적인 구조

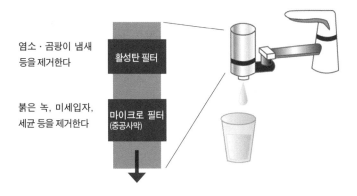

염소 · 곰팡이 냄새 등을 제거한다

활성탄 필터

붉은 녹, 미세입자, 세균 등을 제거한다

마이크로 필터
(중공사막)

● 활성탄의 역할

원래 숯은 단위 면적당 표면적이 매우 크기 때문에 여러 가지 물질을 흡착하는 성질을 갖고 있습니다. 그중에서도 숯을 만들 때 활성화라는 처리를 해서 불순물을 흡착하는 성질을 특별히 강화한 것을 활성탄이라고 합니다. 활성탄은 목탄, 야자나무 껍질, 석탄 등을 원료로 만듭니다.

활성탄이 뛰어난 흡착성을 보이는 이유는 아주 미세한 구멍이 굉장히 많이 뚫려 있기 때문입니다. 구멍은 1그램당 800~1200제곱미터라는 커다란 표면적을 갖고 있습니다. 그 수없이 많은 구멍 안에 색소 분자와 냄새 분자, 유해물질 분자가 흡착되어 제거됩니다. 그런 성질 때문에 예전부터 활성탄은 탈색제와 탈취제 등으로 이용되었습니다.

활성탄 표면에는 매우 많은 구멍이 있다

수없이 많은 구멍 덕분에 유해물질과
냄새 분자가 흡착되어 제거된다

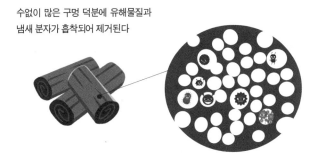

● 마이크로 필터(중공사막)의 역할

예전에 나온 정수기에는 활성탄만 쓰였습니다. 하지만 그렇게 되면 활성탄이 염소를 흡착해버려 살균력이 사라지고 바로 세균이 증식합니다. 수도를 사용하는 장소에는 세균의 먹이가 되는 유기물이 우글거리고 그것이 튀어서 정수기 안으로 들어가면 세균의 온상이 되어버립니다. 활성탄만 쓰였을 때는 정수기가 '세균 제조기'가 되는 것이 문제였습니다.

그래서 요즘에는 새롭게 마이크로 필터(매우 미세한 구멍이 뚫려 있어서 작은 물질을 여과하는 것이라는 의미)를 정수기에 추가해서 세균 등도 마이크로 필터로 제거합니다.

마이크로 필터는 중공사(中空絲)라는 것을 몇백 가닥 묶어서 만든 것입니다. 중공사는 나일론 등으로 만든 파이프 모양의 실입니다. 하지만 단순한 파이프가 아니라 파이프 부분을 확대해보면 그 벽면에는 무수히 많은 꼬불꼬불 구부러진 아주 미세한 구멍이 뚫려 있습니다. 그 구멍의 평균 지름은 세균 크기의 몇 분의 1입니다. 한편 물 분자는 그 구멍의 1000분의 1 정도 크기이기 때문에 물은 간단히 그 구멍을 통과하고 세균과 유해물질만이 분리되는 것입니다.

● 정수기는 정기적으로 카트리지 교환을 해야 한다

정수기로 수돗물의 어떤 부분을 제거하고 싶은가에 따라 사용하는 정수기의 유형이 달라집니다. 수돗물은 기본적으로 안전한 물입니다. 그렇지만 수돗물에는 그 원수(原水)와 처리 방법에 따라 맛의 차이가 있습니다.

수돗물 냄새와 맛이 신경 쓰이는 정도라면 수도꼭지에 부착하는 유형의 정수기로 충분합니다. 납과 트리할로메탄, 농약 등이 걱정된다면 활성탄 양이 많은 스탠드 정수기가 위력을 발휘할 것입니다.

하지만 정수기를 거친 물이라고 해서 안심할 수는 없습니다. 정수기를 사용하는 사이에 불순물을 흡착하는 작용이 점점 약해져서 마지막에는 아무것도 흡착할 수 없게 됩니다. 까딱하다가는 원래 수돗물보다 더러운 물이 되어버릴 수가 있습니다. 따라서 정기적으로 활성탄 카트리지 교환이 필요합니다.

그중에는 활성탄과 마이크로 필터(중공사막) 이외의 부가 장치를 부착한 고액의 정수기도 있습니다. 그런 제조업체의 정수기는 구매를 피하는 것이 좋습니다.

그리고 건강에 좋은 물을 만드는 '활수기'라고 불리는 정수기도 있지만, 그 효능에 근거가 없기에 주의할 필요가 있습니다.

14

페트병의 '페트'는 무엇일까?

굉장히 친근한 존재인 페트병. 용도에 따라 여러 가지 크기와 형태의
페트병이 이용되고 있습니다. 하지만 그 재질과 왜 그런 모양인지에
대해서는 잘 알려지지 않았습니다.

● 페트병이라는 이름의 유래

페트병이란 이름의 유래는 무엇일까요? 재질은 플라스틱의 일종인 폴리에틸렌 테레프탈레이트(polyethylene terephthalate)라는 물질로 되었습니다. 그리고 폴리에틸렌 테레프탈레이트의 이니셜을 따서 PET라고 부르게 되었습니다. 그러니까 '유리병'과 마찬가지로 페트병도 '이 병이 무엇으로 만들어졌는가'를 드러내고 있는 것입니다.

또한, 전체 의류의 약 반 정도가 페트섬유로 만듭니다. 페트병에 비해 페트섬유는 열에 강하고 단열성이 뛰어나기 때문에 폴리스 소재 등으로 널리 사용합니다.

'플라스틱'에는 다양한 종류가 있다

폴리에틸렌 테레프탈레이트   폴리에틸렌   염화비닐   폴리카보네이트

● 페트병은 여러 종류가 있다

페트병 중에 가장 많이 쓰이는 청량음료용 페트병은 내용물에 따라 크게 탄산계와 비탄산계로 구분합니다. 또한, 내열용, 내압용, 무균충진용, 내열압용 같은 종류의 페트병이 있습니다.

그리고 페트병은 음료용 이외의 용도로 간장, 식초, 드레싱 같은 조미료 용기로 널리 사용되고 있습니다. 플라스틱 용기에는 대부분 그 소재를 알 수 있는 표기가 붙어 있습니다. 주위에 있는 페트병을 찾아서 살펴보는 것은 어떨까요?

● 연구해서 만든 페트병 모양

탄산음료용 페트병은 표면이 매끈하고 단면이 둥근 형태를 하고 있습니다. 이런 모양의 페트병은 안쪽에서 압력을 견딜 수 있게 만들었습니다.

페트병을 얼리면 둥글게 부풀어 오르는데 안쪽의 압력으로 둥글게 되는 것을 알 수 있습니다. 그런데 일반 페트병은 냉동으로 인한 팽창에 견디도록 설계되지 않았습니다.

　페트병의 표면에서 가장 압력이 약한 곳은 페트병 밑바닥 부분입니다. 예전에는 압력에 견디도록 밑바닥이 반달 모양으로 되었고, 페트병이 쓰러지지 않도록 따로 평평한 바닥을 접착한 유형의 페트병이 사용되었습니다. 하지만 지금은 일체형성인 꽃잎 모양의 페타로이드(petaloid)로 만들어 압력을 견디게 했습니다.

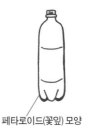

페타로이드(꽃잎) 모양

　그리고 사각형 표면에 요철이 있는 페트병도 많이 볼 수 있습니다. 이 구조를 감압 흡수 패널이라고 부릅니다. 이런 페트병은 뜨거울 때 주입된 음료를 바깥쪽에서 냉수로 식혔을 때 압력에 견딜수 있게 만든 것입니다. 감압 흡수 패널 구조의 페트병은 들었을 때 형태가 찌그러지지 않도록 하는 작용도 있습니다.

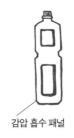

감압 흡수 패널

● **뜨거운 음료용 페트병**

　페트병은 내열성이 그다지 높지 않습니다. 그래서 미리 가열 처리를 해서 내열 온도를 높인 페트병이 많이 사용되고 있습니다.

　페트병은 가열하면 하얗게 결정화하기 때문에 목 부분이 하얗고 불투명하게 바뀝니다. 언뜻 다른 재질이 붙어 있는 것처럼 보이지만 사실은 하얀 부분도 같은 페트병 소재입니다. 가열 살균한 상태에서 주입하기 때문에 과즙 음료나 유산균 음료의 경우 내열 페트병을 사용하는 경우가 많습니다.

● 판매 방법에 따라 달라지는 페트병 모양

원통에 가까운 형태의 감압 흡수 패널 구조의 페트병은 주로 자동 판매기 등에서 굴러떨어지는 것을 감안해서 만듭니다. 그에 비해 정사각형 모양의 페트병은 편의점 등 냉장고 등에 진열할 때 좀 더 많은 상품을 수납하도록 만들었습니다. 당연히 사각형 모양의 페트병 쪽이 포장 상자의 부피도 작고 운반하기에도 편리하다는 장점이 있습니다.

● 마개와 라벨은 재질이 다르다

페트병 재활용에 대해 알아야 할 부분이 있습니다. 마개와 라벨은 페트병과 다른 플라스틱으로 만들었습니다. 대부분의 마개는 폴리프로필렌, 라벨은 폴리에틸렌으로 만들었습니다.

폴리에틸렌과 폴리프로필렌은 물에 뜨기에 재활용 공장에서는 페트병을 분쇄한 다음에 물에 넣어서 라벨과 마개를 분리합니다.

그렇다면 페트병을 재활용 쓰레기로 배출하는 단계에서 라벨을 떼어내고 마개를 뺀 상태에서 안을 씻어낸 다음에 버리는 편이 훨씬 효율성이 좋을 것입니다. 페트병의 라벨과 마개를 제거하고 분리해

서 배출하는 것을 추천하는 것은 그
런 이유 때문입니다.

그리고 재활용된 페트병 소재는
다시 용기나 페트섬유 등으로 재이
용됩니다.

PET
페트병의 법적
식별 마크

플라스틱

플라스틱 제품 용기
포장 법정 식별 마크

15

알루미늄 포일은
왜 겉과 속의 색깔이 다를까?

가정에서 자주 사용하는 알루미늄 포일은 겉과 속이 다른 것처럼 보입니다. 겉은 반짝반짝 빛이 나는데 안은 탁하게 보입니다. 알루미늄 포일의 겉과 속은 가공할 때 어떤 차이가 있는 걸까요?

● 알루미늄 포일 겉은 반들반들하고 속은 까끌까끌하다

알루미늄 포일의 원료는 순도 99퍼센트 이상의 알루미늄입니다. 알루미늄을 얇게 편 것이 바로 알루미늄 포일입니다. 따라서 알루미늄 포일 겉에도 속에도 도료 같은 것은 발라져 있지 않습니다.

겉과 속을 잘 살펴보면 알루미늄 포일 겉은 반들반들한 데 비해 속은 약간 까끌까끌합니다. 그 부분이 알루미늄 포일의 겉과 속의 커다란 차이입니다.

● 알루미늄 포일 겉과 속이 다른 이유

알루미늄 포일이 겉과 속이 다른 이유는 얇은 알루미늄 포일을 만드는 과정에 있습니다.

먼저 알루미늄 포일을 만드는 과정을 살펴보겠습니다. 알루미늄 덩어리를 가열해서 쭉 펴기 쉽게 만들고 몇 단계에 걸쳐 롤러에 통과시키면 서서히 얇아지게 됩니다.

가정용 알루미늄 포일의 두께는 약 0.015~0.02밀리미터로 아주 얇습니다.

한 장으로는 그렇게까지 얇게 펴는 것이 어렵고, 펴는 것도 한계가 있습니다. 그래서 어느 정도 펴고 나서 마지막에 두 장을 겹쳐서 펴게 되면 훨씬 더 얇게 만들 수 있습니다.

그리고 얇게 다 펴고 나서 두 장 겹쳐진 알루미늄을 떼어냅니다.

그렇게 하면 알루미늄과 알루미늄이 접하는 면은 탁하게 빛나고 롤러에 닿은 부분은 롤러의 영향으로 반짝반짝 빛납니다. 이렇게 해서 알루미늄 포일의 겉과 속이 완성되는 것입니다.

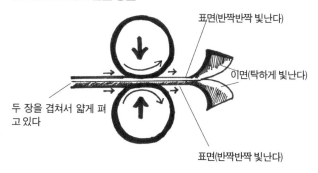

알루미늄 포일의 압연 방법

표면(반짝반짝 빛난다)

이면(탁하게 빛난다)

두 장을 겹쳐서 얇게 펴고 있다

표면(반짝반짝 빛난다)

● **알루미늄 포일의 특징**

알루미늄 포일의 특징은 다음과 같습니다.

· **위생적**

알루미늄 포일은 비교적 순도가 높은 알루미늄을 사용해서 만들고 무미, 무취, 무해합니다. 식품이나 약품 등의 포장으로 자주 사용되는 이유는 위생적이기 때문입니다.

· 아름다운 광택이 있다

알루미늄 포일은 반짝반짝 빛나고 그래서 청결한 느낌이 듭니다.

· 열전도성, 단열성이 뛰어나다

알루미늄 포일은 철과 비교해서 세 배 정도 열을 잘 전달하는 열
전도성이 뛰어납니다.

한편 광선이나 열선을 아주 잘 반사하는 특징이 있습니다. 이렇게
열과 관련된 특성을 살려서 바닥 난방이나 냉동 기구에도 이용됩니
다.

· 인쇄나 가공이 간단하다

인쇄나 착색이 자유롭게 가능합니다. 그리고 다른 재료와 붙여서
합치는 라미네이트 가공이 쉽습니다.

· 차광성, 방습성이 뛰어나다

알루미늄 포일은 자외선이나 적외선을 통과하지 못하게 하고 수
분이나 가스도 통과 못 하게 하는 비통기성이 우수해서 식품 등의
포장 재료로 폭넓게 사용합니다.

● 알루미늄 포일을 사용한 상품 사례

알루미늄 포일은 가정에서 포장용으로 사용되는 두께 약

0.015~0.02밀리미터 제품만 있는 것이 아닙니다. 가정용보다 좀 더 얇은 0.006~0.1밀리미터 정도의 알루미늄 포일도 있습니다. 알루미늄 포일은 단독으로 사용되는 경우와 필름이나 종이 등을 붙여서 사용하는 경우가 있습니다.

가정에서 친숙한 알루미늄 포일 외에도 기체나 액체가 통과하지 못하는 차단성이 뛰어난 제품 등 각각의 재료 특성을 살려주는 제품을 다양한 상품 포장에 이용하고 있습니다.

요구르트 뚜껑

초콜릿이나 과자 포장

담배 포장

● 종이접기의 '금종이'는 어떻게 만들까?

종이접기 종이에는 은종이와 금종이도 있습니다. 이 중에서 은종이는 종이에 알루미늄 포일을 붙인 것입니다. 그렇다면 금종이는 어떻게 만들까요?

금종이의 표면을 탈지면에 매니큐어 제거제인 아세톤을 묻혀서 슬슬 문질러보세요. 표면의 오렌지색 도료가 녹아서 탈지면에 묻어날 것입니다.

요컨대 금종이는 은종이에 투명한 오렌지색 도료를 칠해서 금색으로 보이게 했던 것뿐입니다. 그러니까 '금종이'도 사실은 안쪽이 은종이였던 것입니다.

● '타는 쓰레기', '타지 않는 쓰레기' 어느 쪽일까?

알루미늄 포일은 얇아서 타기 쉬워 종이나 플라스틱과 함께 태울 수 있습니다. 종이나 플라스틱은 타면 이산화탄소나 수증기가 됩니다. 하지만 알루미늄 포일이 타면 산화알루미늄이라는 하얀색 가루가 됩니다.

16

아이스 팩의 원리는 무엇일까?

식품을 차갑게 식히고 싶을 때 더운 날씨에 차가움을 느끼고 싶을 때 고열로 고생할 때 등 종종 아이스 팩과 냉각 팩을 이용합니다. 아이스 팩은 어떤 원리로 되어 있을까요?

● 아이스 팩의 원리

아이스 팩은 사용해도 다시 냉동시키면 몇 번이나 다시 쓸 수 있습니다. 그리고 용도에 따라 다양한 크기와 모양의 아이스 팩이 있습니다.

대개 봉지 안에 넣어서 사용합니다. 시판하는 아이스 팩에는 물이 약 99퍼센트 들어 있습니다. 아이스 팩에는 고흡수성 수지인 폴리아크릴산 나트륨과 방부제, 형상 안정제가 포함되어 있습니다.

폴리아크릴산 나트륨은 종이 기저귀 등에도 사용되고 있어서 수많은 그물코 모양의 아주 자그마한 주머니에 자기 무게의 몇백 배에서 약 천 배까지의 물을 흡수, 보유할 수 있습니다. 이것은 물을 두부나 곤약같이 겔 상태로 만들어서 모양을 유지하기 위해서입니다. 폴리아크릴산 나트륨이 포함되어 있으면 아이스 팩 주머니에 작은 구멍이 뚫려도 물이 확 쏟아져 내리는 일은 없습니다. 하지만 아이스 팩의 주성분은 물입니다.

물(99퍼센트) + 고흡수성 수지(폴리아크릴산 나트륨) + 방부제 · 형상 안정제

● 아이스 팩의 냉각 능력

아이스 팩을 사용하기 전에 먼저 냉동실에서 충분히 얼립니다. 그러니까 물을 얼음으로 만드는 것입니다. 그리고 그 얼음으로 차갑게 식히는 것입니다. 그런데 같은 0℃라도 물과 얼음은 냉각 능력에 커다란 차이가 있습니다.

예를 들어 0℃의 물과 0℃의 얼음이 있다고 합시다. 0℃의 얼음은 주위에서 열을 빼앗아 0℃의 물이 됩니다. 그렇게 0℃의 물보다 0℃의 얼음은 훨씬 냉각 능력이 뛰어납니다.

고체를 액체로 만드는 데 필요한 열을 융해열이라고 합니다. 얼음이 물이 되려면 1그램당 334줄[25], 약 80칼로리가 필요합니다. 요컨대 얼음이 녹아서 물이 될 때까지 1그램당 80칼로리의 열량을 주변에서 계속 빼앗기 때문에 차가움이 지속됩니다.

참고로 아이스 팩을 만들고 싶다면 밀폐가 가능한 튼튼한 비닐 지퍼 백에 손수건이나 수건을 넣고 물을 두께 2~3센티미터 정도 집어넣어서 얼리면 됩니다.

● 냉각 젤 시트

열이 날 때 종종 이마에 대는 것이 냉각 젤 시트입니다. 그 주요 성분은 아이스 팩과 같은 물과 고흡수성 수지입니다.

---

25) 1칼로리는 4.2줄입니다. 1칼로리는 물 1그램을 1℃ 올리는 데 필요한 열량을 말합니다.

그 냉각 젤 시트를 이마에 대면 처음에는 차가워서 기분 좋은 느낌이 듭니다. 이것은 냉각 젤 시트에 포함된 물이 체온에 의해 증발할 때 체온에서 기화열, 즉 증발열로 열을 빼앗아서 식혀주는 효과가 나타나기 때문입니다. 냉각 젤 시트는 아침에 선선할 때 도로에 물을 뿌려두면 낮에 시원하게 느껴지는 도로에 물 뿌리기와 같은 원리입니다. 그래서 건조해지면 시원해지는 효과가 사라지는 것입니다.

● 두드리고 주무르면 차가워지는 냉각 팩

휴대용 냉각 팩은 주머니를 주먹으로 두드리고 잘 주무르면 온도가 급격하게 떨어지도록 만든 상품입니다.

휴대용 냉각 팩에는 하얀색 작은 알갱이와 아주 작은 주머니에 들어 있는 액체가 충전되어 있습니다. 그 안에 들어 있는 성분은 아세트산 암모늄, 요소, 물 등입니다. 아세트산 암모늄은 강한 흡습력을 갖고 있습니다. 방치를 하면 공기 중의 수분을 빨아들여 아세트산 암모늄 자체가 녹아버립니다. [26]

이런 작용이 주머니 안에서 일어나지 않도록 수분을 흡수하는 실리카겔과 함께 넣어둡니다.

아세트산 암모늄과 요소는 물에 잘 녹는 성질 말고도 공통된 성질

---

26) 이처럼 고체가 습기를 빨아들여 용해하는 것을 조해 작용이라고 합니다.

이 또 있습니다. 그 성질은 물에 녹을 때 주위에서 다량의 열을 흡수하는 작용이 있다는 것입니다.

아세트산 암모늄은 물에 녹으면 급속도로 온도가 떨어지는 데 비해 요소는 서서히 온도가 떨어집니다. 아세트산 암모늄과 요소, 두 가지 물질을 혼합해서 사용하면 냉각 시간을 지속시킬 수 있습니다.

● 열이 날 때 이마를 식혀도 사실은 효과가 없다

감기에 걸렸을 때 대처하는 방법 세 가지는 '안정, 영양, 보온'입니다. 영양은 소화가 잘되는 음식, 영양가가 높은 음식을 먹습니다. 땀이 줄줄 나거나 설사를 해서 수분이 손실되었을 때는 안정, 영양, 보온 외에 '수분 보충'을 추가해야 합니다.

체온이 올라갈 때는 오히려 한기가 느껴지므로 열을 식히는 것은 역효과를 불러옵니다. 체온이 올라간다는 것은 감염증의 원인인 바이러스 등에 대항하는 것이기에 보온을 확실히 하는 것이 중요합니다.

체온을 떨어뜨려야 할 순간은 열이 펄펄 끓어올라서 끙끙 앓는 소리를 낼 때입니다. 이 타이밍을 착각하면 질병에 대한 저항력, 즉 면역력이 약해져서 바이러스 등이 활발해져 오히려 역효과가 나게 됩니다. 따라서 열을 식혀야 하는 것에 집착할 필요는 없습니다.

그런데 열이 날 때 이마에 차가운 것을 대어 식히는 경우가 많은데 이렇게 해도 체온은 별로 떨어지지 않습니다.

열을 식혀야 할 곳은 동맥이 뛰는 부분 '목덜미, 겨드랑이 밑, 넓적다리 시작 부분'입니다. 목덜미는 목의 좌우 경동맥, 겨드랑이 밑 동맥이 지나가는 곳, 넓적다리 앞쪽 면, 허리뼈와 가랑이를 연결하는 선 안쪽의 3분의 1에 해당하는 부분을 식혀줍니다.

동맥이 지나가는 부분을 식혀주면 혈액이 식고, 식은 혈액이 온몸을 돌기 때문에 체온을 떨어뜨릴 수 있습니다.

열이 날 때 식혀야 할 곳

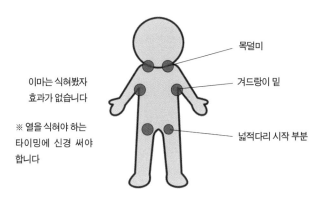

목덜미

겨드랑이 밑

넓적다리 시작 부분

이마는 식혀봤자
효과가 없습니다

※ 열을 식혀야 하는
타이밍에 신경 써야
합니다

17

왜 랩은 쉽게 달라붙을까?

음식물을 보관하거나 전자레인지에 가열할 때 쓰는 식품 포장용 랩
은 접착제도 없는데 쉽게 달라붙습니다. 도대체 왜 그럴까요?

● 랩 필름은 대강 세 종류가 있다.

마트에서 판매하는 식품 포장용 랩 필름의 원재료는 세 종류로 나눌 수 있습니다. 원재료의 차이에 따라 제품의 특성도 달라집니다.

· 폴리염화비닐 제품 이 랩은 잘 늘어나고 용기에 잘 달라붙습니다. 밀착성이 좋고 잘 찢어지지 않기 때문에 생선이나 신선식품, 반찬 포장에 사용됩니다.

· 폴리염화비닐리덴 제품 이 랩은 냄새와 습기, 산소가 통과하기 어려운 성질이 있습니다. 식품의 장기 보존에 적당합니다.

· 폴리에틸렌 제품 이 랩은 산소가 통과하기 쉬워서 숨을 쉬는 채소나 과일 등의 보존에 유리하고 가격이 저렴하다는 특징이 있습니다.

각각의 특성을 생각해서 랩을 잘 구분해서 쓰는 걸 추천합니다. 앞으로 랩을 살 때는 포장 상자에 쓰인 원재료를 잘 살펴보기 바랍니다.

● 랩은 어떻게 얇게 만들까?

앞서 소개한 랩의 원재료는 가열하면 부드러워지거나 자유롭게 변형되는 열가역성[27] 플라스틱입니다. 필름으로 가공할 때 원료에 열을 가해서 얇게 늘여 갑니다.

녹인 원료를 정확한 온도로 관리한 롤러 사이로 통과시켜서 얇게 늘여 가는 방법과 풍선처럼 부풀어 오르게 해서 랩을 얇게 만드는 방법이 있습니다.

● 왜 랩은 쉽게 달라붙을까?

물질을 구성하는 분자는 분자끼리 서로 끌어당기는 힘인 분자간력, 즉 반데르발스 힘이 작용합니다. 분자간력은 아주 작은 힘으로 분자끼리 밀착할 정도의 거리까지 접근해야 작용합니다.

랩은 표면이 평평해서 유리 같은 식기에 밀착시킬 수 있습니다. 그러니까 분자간력이 작용해서 랩은 식기에 잘 달라붙는 것입니다.

하지만 나무 그릇처럼 언뜻 매끄러워 보여도 표면에 요철이 있으면 접촉하는 면이 작아서 잘 달라붙지 않습니다. 그리고 랩이 부드럽고 용수철처럼 원래대로 돌아가려는 힘, 즉 탄성이 있는 것도 식기와 랩을 밀착시키는 데 도움이 됩니다.

---

27) '열가역성'이란 가열하면 부드러워져서 성형하기 쉬워지고 식히면 단단해지는 성질을 말합니다.

랩의 원재료와 두께, 탄성에 따라 식기에 달라붙는 힘은 달라집니다. 그리고 식기 가장자리에 물을 살짝 적시면 식기 표면에 있는 미세한 요철이 메워져서 랩이 잘 달라붙기도 합니다. 랩과 식기가 달라붙기 쉬운지 어려운지는 다양한 조건이 겹쳐져서 결정됩니다.

● **랩이 녹거나 녹지 않는 경우**

식재료를 전자레인지에 데울 때 혹시 랩이 녹아버린 경험이 있습니까? 랩 포장 상자에는 내열 온도가 쓰였습니다.

물질	온도
· 폴리에틸	110℃
· 폴리염화비닐	130℃
· 폴리염화비닐리덴	140℃

세 가지 물질 모두 열가역성 플라스틱이기 때문에 열에는 그다지 강하지 않습니다. 물은 끓는점이 100℃라 폴리에틸렌 랩이 녹지 않을 것 같지만 수증기 온도는 100℃ 이상이라서 녹습니다. 그리고 기름은 액체 상태에서 상당히 고온입니다. 그래서 랩 포장 상자에는

'전자레인지에 돌릴 때 기름기가 많은 식품이 랩과 직접 닿지 않도록 하세요'라는 주의 문구가 쓰였습니다.

18

물에 닿아도 잘 변하지 않는
스테인리스 소재가 이미 녹슬었다고?

가정에서 굉장히 친숙한 소재 중 하나가 '스테인리스'입니다. 그런데 '녹'이 잘 슬지 않는 소재로 알려진 스테인리스가 사실은 원래 녹이 슬어 있다는 것을 알고 있나요?

● 녹을 방지하려 녹으로 만든 막

녹이 잘 슬지 않는 금속으로 스테인리스가 있습니다. 스테인리스의 정식 명칭은 스테인리스강 또는 스테인리스스틸입니다. 스테인리스는 철과 크롬 등의 합금[28]입니다.

스테인리스의 '스테인(stain)'은 영어로 '녹'을 뜻하고, '리스(less)'는 '~없다'라는 부정을 의미하는 단어입니다. 그러니까 스테인리스는 '녹이 없다'라는 의미의 단어입니다. 하지만 사실은 스테인리스 표면에는 녹이 슬어 있습니다.

다음 그림과 같이 스테인리스에는 눈에 보이지 않는 얇은 녹이 표면을 뒤덮고 있습니다. 이 녹은 굉장히 빽빽이 채워져 있어서 공기 중의 산소나 수분이 금속과 닿는 것을 막고 있습니다.

요컨대 의도적으로 원래 금속 표면에 안정된 산화 피막을 만들어서 내부를 녹이 슬기 어렵게 한 것입니다. 산화 피막을 '부동태 피막'이라고도 부릅니다.

피막의 두께는 1나노미터에서 3나노미터 정도로 원자가 몇 개에서 십몇 개 분량의 얇기입니다.

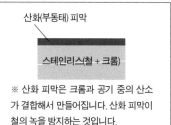

산화(부동태) 피막

스테인리스(철 + 크롬)

※ 산화 피막은 크롬과 공기 중의 산소가 결합해서 만들어집니다. 산화 피막이 철의 녹을 방지하는 것입니다.

---

28) 합금이란 두 종류 이상의 금속으로 만들어진 물질로 스테인리스 외에 청동, 강철, 땜납, 마그네슘 합금 등 여러 가지가 있습니다.

● 녹슨 자국

녹슬기 어려운 스테인리스지만 스테인리스에 녹이 슬 때도 있습니다.

예를 들어 부엌의 스테인리스 조리대에 방치한 머리핀이 녹슬어 버리는 경우 그 머리핀을 떼어내 살펴보면 밑에 있는 스테인리스 부분도 녹이 슬어 있는 것을 알 수 있습니다. 이것을 '녹슨 자국(rust stain)'이라고 말합니다.

앞서 설명했듯이 스테인리스 표면은 매우 얇은 산화 피막으로 보호되어 있습니다. 그래서 표면에 아연 등 다른 종류 금속이 붙어 있고 거기에 물이 닿아서 다른 종류 금속이 녹이 스는 경우 그 부분부터 스테인리스 자체가 녹이 슬기도 합니다.

이런 녹의 침입은 부착물 때문에 산화 피막을 만드는 산소가 부족한 것도 원인이라고 할 수 있습니다.

보통은 산소가 원인이 되어 녹이 슬지만, 그 산소가 부족해서 스테인리스 표면이 녹스는 것은 아무래도 아이러니한 현상입니다.

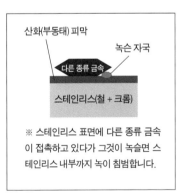

산화(부동태) 피막

녹슨 자국

다른 종류 금속

스테인리스(철 + 크롬)

※ 스테인리스 표면에 다른 종류 금속이 접촉하고 있다가 그것이 녹슬면 스테인리스 내부까지 녹이 침범합니다.

● 표면의 흠집도 약점

이것은 스테인리스 표면에 흠집이 생기면 그곳에서 산화가 일어나서 침투해가는 것을 의미합니다. 그래도 한 번뿐이라면 재빠르게 산화 피막이 생겨서 복구되지만 계속 방치되면 산화가 자꾸자꾸 안쪽으로 침입하게 됩니다.

특히 물을 퍼 올리는 펌프 등은 기계 가동부 어딘가에서 반복해서 부담을 받기 때문에 그 부분에 녹이 스는 일이 많아 주의해야 합니다.

같은 이유로 바닷가 근처에서 소금을 머금은 바람에 항상 노출되면 스테인리스에 흠집이 생기기 쉽다는 지적도 있습니다.

● 녹 예방 방법

이제까지 설명했던 대로 스테인리스에 녹이 잘 슬지 않는 이유는 표면을 덮은 산화 피막이 내부 금속의 부식을 방지하기 때문입니다.

반대로 말하면 이 표면의 산화 피막이 제대로 작용하게끔 하는 것이 중요합니다. 구체적으로 살펴보면 표면이 더러워지지 않게 손질하는 것입니다.

스테인리스 표면은 정기적으로 물로 씻어내고 마른 천으로 닦아서 깨끗하게 유지하도록 신경 쓰기 바랍니다.

만약에 스테인리스 표면에 녹이 생겼다고 해도 당황하지 않아도 됩니다.

스펀지 등에 중성세제를 묻혀서 문지르면 표면의 녹을 제거할 수 있습니다.

스테인리스를 더러운 상태나 물에 젖어 있는 상태로 오랜 시간 방치 않으면 깨끗한 상태를 유지할 수 있습니다.

물이나 오염 물질이 많고, 물건을 많이 놓기 쉬운 부엌은 특별히 신경 써서 위생적으로 관리하는 것이 좋겠습니다.

19

세라믹 칼과 금속 칼은
어떤 차이점이 있을까?

세라믹은 원래 '구운 물건'이라는 의미로 점토를 구운 모든 제품을
말합니다. 최근에는 가볍고 잘 잘리는 '세라믹 칼'이 보급되어 있습
니다.

● 인류의 가장 오래된 세라믹은 '토기'

인류가 최초로 만든 세라믹은 토기로 점토를 성형해서 직접 굽는 방식으로 만들어졌고 그 후 돌림판을 이용하고 가마를 활용해서 만들었습니다.

그리고 백 년 정도 전에 터널 가마에서 대량으로 토기를 굽게 되었습니다. 그렇게 해서 만든 것이 전봇대 등에 부착해서 송배전용 전선을 지지하기 위한 도자기 제품 절연기구인 고압 뚱딴지와 양식기 등입니다.

세라믹에는 단단하다,[29] 불에 타지 않는다, 전기가 통하지 않는다(전기 절연성)라는 특징이 있습니다.

● 고성능 파인 세라믹

최근에는 정제한 원료를 이용해서 내열성과 내식성, 경도를 더한 광학재료, 자성재료 등으로 새롭고 유용한 성질을 갖춘 세라믹 제품이 널리 사용됩니다.

그래서 요즘에는 '비금속 무기 재료로 제조 공정에서 고온처리를 한 것' 전반을 세라믹이라고 부릅니다.

---

29) 세라믹은 다이아몬드 다음으로 단단합니다.

그중에서도 높은 정밀도와 성능이 요구되는 전자공업 등에 이용되는 세라믹을 파인 세라믹,[30] 또는 뉴 세라믹이라고 합니다.

파인 세라믹은 시판되고 있는 자석으로 세계 최강 네오디뮴 자석(neodymium magnet), 고온 초전도 케이블, 마모되지 않는 엔진, 생체에 적합하기 쉬운 인공 뼈, 태양전지 등에 폭넓게 이용합니다.

● 세라믹 칼의 장단점

우리 생활 속에 친근한 세라믹 제품으로는 부엌칼, 가위, 껍질 벗기는 기구의 날 등이 있습니다. 이 제품들은 지르코니아(지르코늄이라는 원소와 산소 원소가 결합해서 만들어진 것)를 원료로 해서 세라믹의

---

30) 파인 세라믹은 고순도 원료를 정밀도 높게 제조한 제품의 총칭입니다. 주로 인공적인 재료를 사용하고 굽는 온도 외에 압력 등 외적 조건을 효과적으로 정밀 제어해서 제조합니다.

단단하고 튼튼하고 비교적 점착력이 있는 성질을 이용하고 있습니다.

세라믹 칼의 날은 녹이 잘 슬지 않고 칼이 잘 드는 그 상태로 오래 가고 음식의 냄새가 잘 배지 않는다는 특징이 있습니다. 또한, 물에 젖은 채 있어도 아무런 문제가 없어 관리하기에 편리하다는 것도 특징입니다.

하지만 금속 칼보다 '무르다'라는 단점이 있습니다. 단단한 물체에 부딪혔을 때 세라믹 칼은 부러져버립니다. 금속 칼의 경우 날의 일부가 빠져도 숫돌로 갈아서 간단하게 수리할 수 있습니다. 그에 비해 세라믹 제품은 다이아몬드 칼갈이 같은 전용 기구로 갈아야기에 가정용으로 쓰기에는 적당하지 않다는 말도 있습니다.

또한, 세라믹 칼은 가벼운 소재라서 커다란 생선을 손질하는 것 같은 칼의 무게를 이용해서 자르는 데에는 적당하지 않습니다. 그래서 다양한 용도로 마련된 각종 금속 칼을 대체하기까지는 어렵다는 것이 현재 상황[31]입니다.

그래서 세라믹 칼은 뼈가 없는 고기나 씨가 없는 부드러운 채소 등을 잘게 썰 때 쓰는 것이 좋습니다.

하지만 '가볍다'라는 것은 칼을 쓸 때 '쉽게 피곤해지지 않는다'는

---

31) 조리할 때 '자르는 맛'은 단지 재료를 절단하는 것뿐만 아니라 절단면에 생긴 틈을 쭉 펴서 넓히는 등 다양한 기능과 관련되어 있습니다.

장점이 있습니다. 세라믹 칼은 고기와 채소, 일반 식자재를 썰 때 쓰는 기존의 금속 칼인 프렌치 나이프와 과일을 깎을 때 쓰는 작은 칼인 과도나 빵 칼 등을 대체할 수 있습니다.

그밖에도 주의해야 할 점이 있습니다. 그것은 반짝반짝 빛나는 금속광택을 지닌 칼과 달리 세라믹 칼은 잘 잘라질 것처럼 예리해 보이지 않는다는 점입니다. 자칫 부주의해서 손가락을 베이지 않도록 조심하기 바랍니다.

제**3**장

'목욕·청소·세탁'에 넘쳐나는 과학

20

소취제와 방향제는 어떻게 다를까?

요 몇 년 사이 다양한 용도의 소취제, 방향제를 많이 발매하고 있습니다. 각각 어떤 차이점이 있을까요? 그리고 도대체 '냄새'란 무엇일까요?

● 냄새는 향기? 좋은 냄새? 나쁜 냄새?

우리 주변에는 수많은 '냄새'가 존재합니다.

'냄새'는 크게 나누면 기분 좋은 느낌을 주는 '향기'와 '좋은 냄새', 불쾌한 기분이 들게 만드는 '악취'와 '나쁜 냄새'가 있습니다. '냄새'의 정체는 그 대부분이 유기화합물을 중심으로 하는 화학물질입니다. 예를 들어 우리가 아침에 먹는 커피에서 나는 것은 '향기', 된장국은 '좋은 냄새', 음식물 쓰레기나 화장실에서 풍기는 냄새는 '나쁜 냄새'라고 생각합니다. 이렇듯 우리는 특정 화학물질의 종류와 농도를 후각으로 느껴서 인식합니다.

● 소취제와 방향제의 차이점

그런데 여러분은 소취제와 탈취제, 방향제의 차이를 설명할 수 있나요? 이런 것들은 냄새 성분인 화학물질을 어떻게 처리하느냐에 따라 분류를 합니다.

소취제는 나쁜 냄새를 화학적 작용이나 감각적 작용 등으로 제거 또는 완화하는 것입니다. 탈취제는 나쁜 냄새를 물리적 작용 등으로 제거 또는 완화하는 것입니다. 방향제는 공간에 향기 나는 물질을 더하는 것입니다. 그리고 나쁜 냄새를 다른 향기 등으로 감추는 방취제가 있습니다.

각각의 특징

· 소취제　나쁜 냄새를 화학적 작용 · 감각적 작용 등으로 완화

· 탈취제　나쁜 냄새를 물리적 작용 등으로 제거 · 또는 완화

· 방향제　공간에 향기 나는 물질을 더한다

· 방취제　나쁜 냄새를 다른 향기 등으로 감춘다

소취제 설명에 있는 화학적 작용이란 중화 반응과 산화 환원 반응 등을 이용해서 냄새를 다른 물질로 변화시키는 것을 말합니다.

그리고 물리적 작용은 작은 구멍이 많이 존재하는 물질이나 용제 등에 냄새를 흡착, 흡수시키는 것을 말합니다.

이런 정의에서 알 수 있듯이 소취제, 탈취제, 방향제, 방취제는 냄새 자체를 사라지게는 못합니다.

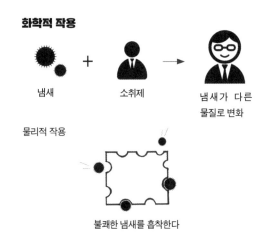

그런 의미에서 방향제는 냄새의 근본적인 해결책이 되지 못하는 것을 알 수 있습니다. 하지만 향기를 분사해서 다른 냄새를 느끼지 못하게 감추는 작용, 즉 감각적 소취 작용을 합니다. 그래서 선호하는 향기를 연출하는 연구가 이루어지고 있습니다.[33]

● '실내용'과 '화장실용'은 어떤 차이가 있을까?

소취제와 방향제에는 '실내용'과 '화장실용' 그리고 '의류용', '차량용' 등 여러 종류의 제품이 판매되고 있습니다. 그런데 이런 제품들은 구체적으로 어떻게 다를까요?

제조업체에 따르면 주로 다음의 세 가지를 고려해서 가장 효과를 잘 발휘하게 만들고 있습니다.

① 냄새 물질의 차이

② 공간의 넓이 차이

③ 머무르는 시간의 차이

예를 들어 실내 냄새의 원인은 체취와 땀, 담배 냄새, 그리고 바닥재, 목제 가구 등 다양한 냄새가 뒤섞인 혼합된 냄새입니다. 실내는 어느 정도 넓이가 있고 머무르는 시간은 긴 편입니다. 그에 비해 화

---

33) 예를 들어 향수는 체온과 체취, 땀이 뒤섞인 '감각적 소취 작용'을 전제로 만들어집니다.

장실에 떠도는 냄새는 어느 정도 한정적이고 배설물에 포함된 성분이 주요 원인입니다. 그리고 화장실은 공간이 좁고 머무르는 시간이 그다지 길지 않습니다.

같은 향기라도 좁은 공간에서 사용하면 향기를 강하게 느끼게 됩니다. 하지만 오랜 시간 지속 향기를 맡으면 오히려 불쾌하게 느껴지기도 합니다. 이런 점들을 고려해서 제품의 설계가 이루어집니다.

● 효과적인 화장실 소취 방법

화장실 냄새에는 크게 두 가지가 있습니다. 소변 냄새의 주성분인 암모니아와 대변 냄새의 주성분인 황화수소입니다.

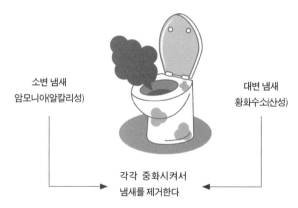

화장실 냄새의 원인

소변 냄새
암모니아(알칼리성)

대변 냄새
황화수소(산성)

각각 중화시켜서
냄새를 제거한다

암모니아 성분은 알칼리성이고, 황화수소는 산성을 나타내는 성분이기 때문에 중화 반응에 따른 소취 대책을 세워 다른 성분을 가진 소취제가 필요합니다. 요 몇 년 사이에 알칼리성과 산성, 두 가지 성분을 배합한 소취제를 판매하니 상황에 맞게 적절한 소취제를 사용하는 것이 중요합니다.

냄새는 화장실 바닥이나 변기에서 발생하기 때문에 소취제는 바닥에 두는 것이 효과적입니다.

소취제와 방향제의 경우 방향 효과를 강하게 실감하고 싶을 때는 시선 높이 정도에 두는 것이 향기를 쉽게 느끼게 해 줍니다.

21

린스, 컨디셔너, 트리트먼트의
차이점은 무엇일까?

날마다 자연스럽게 사용하는 린스, 컨디셔너, 트리트먼트는 각각 어떤 차이가 있을까요? 사용하는 방법이나 순서가 잘못되면 효과가 거의 없을 때도 있습니다.

● 목적과 효과의 차이

머리를 감은 후 모발 케어 제품은 건조, 자외선, 정전기 등에 따른 손상으로부터 머리카락을 지키고 복구하기 위해 사용합니다. 제조업체에 따라서 부르는 이름이 다르지만, 모발 케어 제품은 각각 목적과 효과가 다릅니다.

일반적으로 린스나 컨디셔너에는 머리카락의 표면을 부드럽게 하고 건강하게 해주는 작용을 합니다. 머리카락을 유막으로 코팅함으로써 마찰 같은 자극에서 보호할 수 있습니다. 린스와 컨디셔너는 푸석거림의 원인이 되는 표면 큐티클(모표피)의 손상을 방지하기에 머리카락이 매끄러워집니다.

한편 트리트먼트는 머리카락 내부에 작용해서 상태를 정리하고 손질, 치료하는 작용을 합니다.[34] 그 성분은 코텍스라고 불리는 머리카락 안쪽에 있는 섬유 모양의 단백질층까지 침투합니다. 머리카락의 손상을 복구해줄 뿐만 아니라 생기와 탄력 등 머리카락의 질감을 제어하는 효과도 있습니다.

그리고 제조업체에 따라 린스와 컨디셔너의 기능을 모두 합친 트리트먼트를 발매하고 있습니다. 미스트, 젤, 오일, 밀크 등 헹구지 않는 유형의 트리트먼트도 있습니다.

---

34) '트리트먼트(treatment)'는 '손질 · 치료'를 의미합니다.

또한, 머리카락이 손상되었을 때는 헤어 팩이나 헤어 마스크 같은 모발 케어를 해줍니다. 이런 모발 케어 제품은 샴푸로 머리를 감고 나서 매번 사용하는 것이 아니라 몇 번에 한 번꼴로 쓰는 것이 더 효과가 있다고 합니다.

각각의 특징

· 트리트먼트	머리카락 내부까지 침투해서 질감을 조절한다
· 린스	비누, 샴푸의 알칼리성을 약산성 성분으로 중화해서 큐티클을 막아 머리카락을 부드럽게 한다
· 컨디셔너	큐티클 손상을 막고 머리카락을 건강하게 만든다.
· 헤어 팩	머리카락 내부까지 깊숙이 침투한다
· 헤어 마스크	손상이 심한 경우 회복하게 해준다

● 린스 · 컨디셔너는 마지막에 한다

샴푸로 두피와 머리카락의 더러움을 제거하고 나서 먼저 트리트먼트를 사용하고 다음에 린스나 컨디셔너를 사용하면 더욱 효과적입니다. 머리카락 내부로 그 성분이 침투하는 트리트먼트로 손상을 회복시킨 후 린스나 컨디셔너로 머리카락 표면을 덮어 큐티클을 보호합니다.

린스나 컨디셔너 후에 트리트먼트를 사용하면 이미 머리카락 표면이 코팅되어서 복구 성분이 머리카락 내부까지 스며들기 어렵습니다.

사용하는 순서가 중요하다

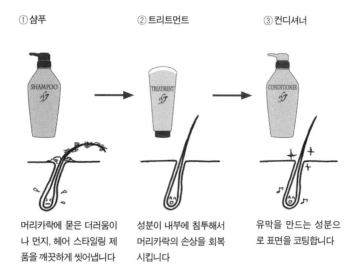

① 샴푸

② 트리트먼트

③ 컨디셔너

머리카락에 묻은 더러움이나 먼지, 헤어 스타일링 제품을 깨끗하게 씻어냅니다

성분이 내부에 침투해서 머리카락의 손상을 회복시킵니다

유막을 만드는 성분으로 표면을 코팅합니다

● 날마다 머리를 감게 된 것은 비교적 최근?

머리를 감는 습관이 생긴 것은 의외로 그리 오래되지 않았습니다. 일본 최초의 '샴푸'는 1930년에 발매된 분말 샴푸라고 알려져 있습니다. 그전까지는 한 달에 한 번 정도 쌀뜨물 등으로 머리를 감았습니다.

제2차 세계대전 후 주택에 목욕탕이나 샤워 시설이 보급되어 머리를 감는 횟수가 점점 많아졌습니다. 지금은 매일 액체 샴푸로 머리를 감거나 린스나 컨디셔너, 트리트먼트 등의 모발 케어 제품으로 마무리하는 습관이 자리 잡았습니다. 그렇지만 이렇게 날마다 머리를 감는 습관은 1980년대 이후에 정착한 것입니다.

● 린스나 린스 인은 일본식 영어

'린스(rinse)'는 영어로 '헹군다'라는 의미가 있습니다. 비누나 샴푸의 알칼리 성분을 중화하려고 마지막에 산성 수용액, 즉 식초나 구연산 등으로 머리카락을 헹군 것에서 유래합니다. 그런 습관에서 파생되어 일본식 영어인 린스라는 말을 사용하게 되었습니다.

현재 샴푸를 하고 나서 이용하는 린스 제품은 헹군다는 의미와 다르게 쓰이고 있습니다. 그래서 린스보다는 정식 영어인 '헤어 컨디셔너(hair conditioner)'라는 말을 사용하는 경우가 많습니다.

'린스가 들어 있는 샴푸'나 '린스가 필요 없는 샴푸'의 경우 샴푸와 린스 각각의 분자 크기를 변화시켜 양쪽의 기능을 잃지 않은 채 섞어놓은 제품입니다.[35]

● 두피 케어와 주의해야 할 점

최근에 '두피 샴푸(scalp shampoo)'라는 상품이 늘고 있습니다. 두피 샴푸는 약용 성분이나 오일 등이 들어서 두피를 자극해서 피의 흐름을 좋게 하고 모발의 발육을 촉진하거나 자외선 등으로 손상되지 않

---

35) 린스가 들어 있다는 의미인 '린스 인'도 사실 일본식 영어입니다. 영어로는 '컨디셔닝 샴푸(conditioning shampoo)'라고 합니다.

게 두피를 보호하는 작용을 기대합니다.

하지만 두피 케어 제품이 아닌 린스나 컨디셔너, 트리트먼트 등 모발 케어 제품을 두피에 문질러 발라서 마사지한다고 해도 두피에 그 성분이 침투해서 효과를 얻는 것은 불가능합니다. 오히려 모발 케어 제품을 두피에 너무 많이 바르거나 제대로 헹궈내지 않아서 잡균이 번식하고 피부에 염증이 일어나는 등의 원인이 되기도 합니다. 또한, 비듬이나 가려움증, 모발이 얇아지는 원인이 될 수도 있으므로 주의해야 할 필요가 있습니다.

22

욕조 마개를 빼면
왼쪽으로 소용돌이가 생길까?

태풍의 소용돌이는 북반구에서는 왼쪽, 즉 반시계방향으로 돌고, 남
반구에서는 오른쪽, 즉 시계방향으로 돕니다. 그렇다면 늘 사용하는
욕조 마개를 뺄 때 생기는 소용돌이는 어떤 모습일까요?

● 지구 자전의 영향을 받은 소용돌이

소용돌이라는 것은 물이나 공기 등 액체나 기체가 어떤 점 주위를 팽이처럼 뱅글뱅글 도는 현상을 말합니다.

욕조 마개를 빼면 구멍 주위에 소용돌이가 생깁니다. 소용돌이가 생기는 것은 물이 회전하기 때문입니다. 빠르기가 다른, 물의 흐름이 서로 부딪히면 그 접촉한 면 근처에서 물이 회전하면서 소용돌이가 생깁니다.

'북반구에서는 태풍의 소용돌이가 왼쪽으로 돈다'라는 말을 들은 적이 있습니까?

태풍이 되기 전의 저기압은 공기가 상승하는 것에 따라 주위에서 저기압의 중심으로 공기가 흘러들어옵니다. 그 흘러들어오는 공기의 흐름이 오른쪽으로 휘어서 왼쪽으로 도는 소용돌이가 됩니다. 그래서 북반구에서는 소용돌이가 왼쪽으로 돕니다. 이것은 지구 자전의 영향으로, 움직이는 물체는 진행 방향을 향해서 오른쪽으로 휘어지는 힘, 즉 콜리올리의 힘을 받기 때문입니다.

태풍은 말하자면 커다란 저기압입니다. 태풍의 기상 위성 사진을 보면 왼쪽, 즉 반시계방향의 소용돌이가 또렷하게 드러납니다.

지구 자전의 영향을 받아 오른쪽으로 휘어진다

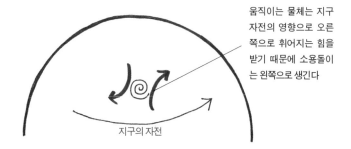

움직이는 물체는 지구 자전의 영향으로 오른쪽으로 휘어지는 힘을 받기 때문에 소용돌이는 왼쪽으로 생긴다

지구의 자전

● 북반구 욕조의 구멍에 생기는 소용돌이는?

그렇다면 욕조 구멍에 생기는 소용돌이도 마찬가지로 왼쪽으로 돌까요?

실제로는 오른쪽으로 도는 경우와 왼쪽으로 도는 경우 두 가지가 있습니다.

만약에 물이 나가는 구멍이 한가운데 있고, 구멍 주변의 조건이 완전히 똑같다고 합시다. 물이 잔잔해지고 욕조 마개를 빼면 지구 자전의 영향을 받아 북반구에서 부는 태풍처럼 틀림없이 왼쪽으로 돌게 될 것입니다. 하지만 엄밀하게 말해서 그런 조건을 맞추는 것은 불가능할 것입니다.

실제로는 일단 구멍이 욕조 한가운데가 아니고 한쪽 구석에 있기 때문입니다. 구멍을 향해서 경사도 어느 정도 있고 구멍 쪽은 약간 움푹이 패였습니다. 따라서 지구 자전의 영향도 받지만, 그것보다도 다른 원인이 강하게 영향을 주어서 오른쪽으로 도는 경우와 왼쪽으로 도는 경우가 있습니다.

● 연구 논문에 나온 욕조 소용돌이란?

욕조 구멍에서 일어나는 소용돌이를 연구한 그룹이 있습니다. 교토대학교 공학 연구과와 도시샤대학교 공학부 연구 그룹입니다.

실제로 욕조의 경우 다른 원인에 강하게 영향을 받아 이상적인 조건에서 배수의 흐름[36] 수치 시뮬레이션을 실시해서 욕조 소용돌이 형성과 그 유지 체계를 수치로 조사했습니다.

그 결과 만약에 흐름이 완전히 축 대칭으로 배수하기 직전의 물이 정지하고 그때까지 소용돌이의 영향이 전혀 남아 있지 않을 때는 발생하는 욕조 소용돌이의 회전 방향은 북반구에서는 반시계방향이라는 사실이 밝혀졌습니다. 요컨대 태풍의 소용돌이와 같다는 것입니다.

그러나 일상적으로 우리가 보는 욕조 소용돌이는 초기에 욕조 소용돌이 안에 존재하는 소용돌이가 배출구 부근에 모이는 것으로 일시적으로 관측되는 소용돌이라는 사실과 그 회전 방향은 남아 있는 소용돌이의 성질로 결정되고 예측 불가능하다는 사실도 밝혀졌습니다.[37]

---

36) 완전한 축 대칭 조건 아래 원형 용기 안의 물이 배수될 때의 흐름입니다.

37) 참조 URL https://www.jps.or.jp/books/jpsjselectframe/2012/files/12-07-1.pdf

● 코리올리 힘이 생기는 이유

지구는 하루에 한 바퀴 회전합니다. 적도 둘레는 4만 킬로미터이기 때문에 적도에 있는 사람은 시속 약 1700킬로미터로 매시간 같은 속도로 움직이는 셈입니다.

도쿄 둘레는 약 3만 3천 킬로미터이기 때문에 시속 약 1400킬로미터, 매시간 같은 속도로 움직이는 셈입니다. 실제로는 지상의 대기도 함께 움직여서 지구상에 사는 사람은 그 속도를 느끼지 못합니다.

적도 위와 도쿄를 비교하면 알 수 있듯이 북반구라면 북극에 가까울수록 자전에 따른 속도가 느려집니다. 남반구라면 남극에 가까울수록 자전에 따른 속도가 느려집니다. 이 자전의 영향으로 겉으로 보이는 힘이 코리올리 힘(Coriolis force)입니다. 지면의 속도에 차이가 있기에 바람에 치우침이 생깁니다.

자전 방향

적도

무역풍
적도를 향해 남쪽으로 부는 바람은 코리올리 힘의 영향으로 북반구에서는 서쪽으로 휘어지게 됩니다.

적도 부근에서는 햇볕이 강하고 그 열로 따뜻한 공기는 상승하고 그 후에 온대에서 바람이 불어들지만, 북반구에서는 적도를 향해서 남쪽으로 부는 바람은 코리올리 힘의 영향으로 서쪽으로 휘어집니다. 이것이 남서쪽을 향해 거의 언제나 불고 있는 무역풍입니다. 코리올리 힘은 바람뿐만 아니라 해류에도 영향을 줍니다.

코리올리 힘의 크기는 고위도일수록 커집니다.

결국, 북반구에서 태풍 등 저기압으로 부는 바람은 반시계방향 소용돌이로, 남반구에서는 북쪽에서 남쪽으로 불어야 하는 바람이 조금 동쪽으로 향하는 바람이 되어 시계방향으로 소용돌이칩니다.

23

어떤 때에 어떤 세제를 써야
효과가 있을까?

청소할 때 활약하는 것은 바로 세제입니다. 하지만 너무 종류가 많아
서 어디에 효과가 있는지 파악하기 어렵습니다. 지금부터는 세제를
현명하게 사용하는 방법을 살펴보겠습니다.

● 피부나 소재에 부드러운 중성세제

집 청소를 할 때 작은 더러움을 없애는 정도는 일단 중성세제를 사용하도록 합니다. 중성세제는 주로 식기의 기름때나 목욕탕과 화장실의 각질, 피지로 인한 오염, 그리고 거실 가구 등에 붙은 손때 같은 기름때를 지울 수 있습니다.

이것은 중성세제에 포함된 계면 활성제라는 성분 때문입니다. 계면 활성제는 하나의 분자 안에 물에 잘 스며드는 부분과 기름에 잘 스며드는 부분, 양쪽을 다 갖고 있어서 보통은 섞이지 않는 물과 기름을 이어줘 오염 물질을 재질에서 떨어뜨리게 합니다. 그 결과 떨어진 오염 물질을 물로 헹구면 재질에서 더러움을 제거할 수 있습니다.

그리고 중성세제는 그 이름대로 액체의 성질이 중성이라서 피부나 소재를 손상할 걱정 없이 안심하고 사용할 수 있습니다.

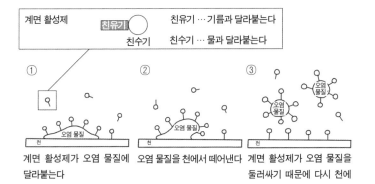

계면 활성제가 오염 물질에 달라붙는다

오염 물질을 천에서 떼어낸다

계면 활성제가 오염 물질을 둘러싸기 때문에 다시 천에 달라붙지 못한다

● 찌든 때에는 어떤 세제가 효과적일까?

대표적인 찌든 때라고 하면 물때와 단단히 달라붙은 기름때를 꼽을 수 있습니다. 찌든 때를 효율적으로 지우려면 중성세제보다는 다른 액체 세제의 사용이 좀 더 효과적입니다.

먼저 물때부터 살펴보겠습니다. 물때는 싱크대와 수도꼭지 등에 붙은 뿌연 얼룩을 말합니다. 물속에는 미네랄 성분인 칼슘과 규소 등이 미량 존재합니다. 물이 증발한다고 해도 칼슘과 규소는 그 자리에 그대로 남아 있습니다.

이렇게 칼슘에서 유래된 물때[38]는 산성 성분의 세제에 잘 녹아서 산성 세제를 이용하면 간단히 없앨 수 있습니다.

하지만 규소에서 유래된 물때[39]는 산성 성분의 세제를 쓰면 없어지지 않습니다. 규소의 경우 연마제를 포함한 세제로 물리적으로 문질러서 닦아야 합니다. 이때 싱크대 등에 자그마한 흠집이 생기니 주의해야 합니다.

다음은 기름때입니다. 도시락통 등 플라스틱으로 만든 식기에 기름이 달라붙으면 설거지를 해도 깨끗하게 잘 안 지워진다는 느낌이

---

38) '칼슘에서 유래한 물때'의 성분은 주로 탄산칼슘입니다.
39) '규소에서 유래한 물때'의 성분은 주로 규소칼슘입니다.

들지 않나요? 이것은 플라스틱도 기름도 화학물질 그룹에서는 같은 유기화합물이기 때문입니다. 유리잔이나 도자기보다 플라스틱은 기름과 친화성이 높아서 서로 강하게 연결되어 기름때가 잘 지워지지 않습니다.

이런 기름때는 알칼리성 세제를 사용하면 효과적으로 지울 수 있습니다. 기름이 알칼리 성분에 의해 부분적으로 물에 녹기 쉬운 물질로 분해되기 때문입니다.

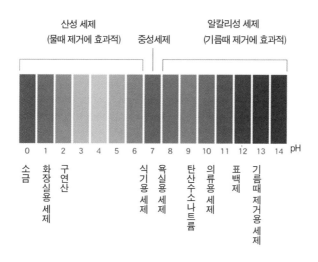

● 세제의 사용상 주의점

이처럼 산성 세제도 알칼리성 세제도 특정 때에 강력한 세정력을 발휘하지만, 주의할 필요도 있습니다.

산성 세제도 알칼리성 세제도 피부에 미치는 영향이 걱정되기 때문입니다. 그래서 이런 세제를 사용할 때에는 반드시 고무장갑 등을 착용해서 피부를 지켜야 합니다.

특히 요 몇 년 사이에 자동 식기 세척기가 보급되어 전용 세제가 판매되고 있습니다. 하지만 자동 식기 세척기 전용 세제는 기계가 세정을 하는 강한 알칼리성 세제인 경우가 많습니다. 이 전용 세제로 손을 씻으면 피부의 유분이 사라져서 피부가 거칠어지는 원인이 됩니다. 부디 자동 식기 세척기 전용 세제로 손을 씻지 않도록 주의 바랍니다.

그리고 산성 세제는 대리석이나 석회암을 녹이고, 강한 알칼리성 세제는 알루미늄을 녹이기 때문에 사용 장소나 횟수도 잘 따져 보는 것이 중요합니다.

● 여러 가지 기능이 있는 세제

부엌과 화장실, 목욕탕처럼 물을 많이 쓰는 곳에서 신경 쓰이는 오염 중의 하나가 검정 얼룩입니다.

검정 얼룩의 정체는 곰팡이의 일종입니다. 검정 얼룩을 지우는 데 효과적인 것은 염소계 세제로 염소의 제균 효과로 곰팡이를 깨끗하게 없앨 수 있습니다.

그리고 효소계 세제도 있습니다. 효소계 세제는 효소의 힘으로 특정 오염 물질을 분해할 수 있는 세제입니다. 효소는 세제 중에 계면 활성제를 도와서 세정력을 좀 더 높이는 작용을 합니다.

예를 들어 옷깃과 소매에 찌든 때가 달라붙었을 때 단백질 오염 물질은 계면 활성제만으로는 좀처럼 없애기 어렵습니다. 그래서 단백질 분해 효소를 배합한 세제로 오염 물질을 분해해서 찌든 때를 쉽게 사라지게 합니다. 효소계 세제를 사용할 때 찬물이 아니라 뜨거운 물을 사용하면 세정력이 훨씬 높아지는 것이 핵심입니다. [40)]

이처럼 세제의 성질과 용도를 파악해서 청소 왕을 목표로 하는 것은 어떨까요.

---

40) 효소는 40~60℃ 정도의 뜨거운 물에서 가장 활성화된다고 합니다.

24

화장실 청소 솔은
하수구와 버금갈 정도로 더러울까?

화장실은 청소를 조금만 게을리해도 악취와 누런 때, 검정 얼룩이 생기기 쉬워서 관리하기 성가신 곳입니다. 각각의 성분이나 오염 물질의 제거 방법을 과학적으로 생각해서 청소 비결을 익혀보기로 합시다.

● 문질러도 지워지지 않는 '오줌 찌꺼기'란 무엇일까?

오줌의 주성분은 물 약 98퍼센트와 요소 약 2퍼센트입니다. 그리고 미량의 칼슘 성분이 들어 있습니다. 이런 성분 자체에는 악취가 없습니다. 변기에 달라붙은 요소가 공기 중의 세균에 분해되어 발생한 암모니아로 악취를 풍기는 것입니다. 또한, 칼슘 성분이 공기 중의 성분이나 이산화탄소와 반응하는 대로 굳어져 가고 결국 누런 오줌 찌꺼기가 생깁니다. 탄산칼슘이 주성분인 오줌 찌꺼기는 물에 녹지 않기 때문에 변기에 달라붙어서 누런색과 갈색의 찌든 때가 됩니다. 이것이 '오줌 찌꺼기로 생긴 오염 물질'이고 일반적으로 '누런 때'라고 부릅니다. [41]

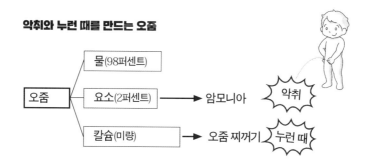

악취와 누런 때를 만드는 오줌

---

41) 오줌 찌꺼기로 생긴 오염 물질은 남성용 소변기에서 배수관이 막히는 원인이 되기도 합니다. 그리고 청소가 어려운 양변기 뒤쪽 가장자리나 틈 사이에 쌓여갑니다.

149

● 오줌 찌꺼기 제거는 산성 세제가 효과적이다

오줌 찌꺼기에는 작은 구멍이 잔뜩 뚫려 있어서 잡균이 쌓이기 쉬워서 암모니아가 발생합니다. 그리고 새로운 오줌 찌꺼기가 자꾸자꾸 만들어지는 악순환이 빚어집니다. 요컨대 오줌 찌꺼기는 내버려두면 엄청나게 빨리 늘어나고 바닥에 단단하게 달라붙어 닦아도 잘 지워지지 않습니다.

오줌 찌꺼기의 제거에 효과적인 것은 염산이 주성분인 화장실용 세제[42]입니다. 화장실 청소 솔에 산성 세제를 묻혀 변기를 닦으면 오줌 찌꺼기가 달라붙어서 생긴 누런 때가 떨어져 나갑니다. 이것은 세제의 산성 성분이 오줌 찌꺼기의 알칼리성을 약화하여 중성에 가깝게 만드는 중화 반응이 일어나기 때문입니다. 중화된 오줌 찌꺼기는 알칼리성이 사라지고 내부 구조도 달라져서 더러움이 제거되기 쉬워진 것입니다.

● 검정 얼룩은 왜 생길까?

변기 내부의 수면 부근에 생긴 검은 띠는 '검정 얼룩'이라고 부릅니다.

검정 얼룩은 박테리아와 곰팡이 등 미생물로 인해 생긴 '잡균 덩

---

42) 탄산칼슘이 주성분인 오줌 찌꺼기에 염산을 부으면 염화칼슘과 물, 이산화탄소가 발생합니다. 염화칼슘과 물은 그대로 흘려보내고 이산화탄소는 공기 중으로 날아갑니다. 이런 원리로 오줌 찌꺼기가 떨어져 나갑니다.

어리'입니다. 이런 미생물은 공기 중이나 사람 몸에서 떨어져 나와 소변이나 대변 등을 영양분으로 삼아 번식해갑니다. 그리고 암모니아의 발생도 촉진하기 때문에 악취의 원인이 되기도 합니다.

검정 얼룩은 초반에는 물을 묻힌 화장실 청소 솔로 문지르면 쉽게 떨어져 나갑니다. 하지만 검정 얼룩이 심해져서 찌든 때가 되면 화장실 전용 세제를 사용해야 지워지게 됩니다. 더구나 잡균 덩어리는 변기 내부뿐만 아니라 오줌이 사방으로 튀는 바닥이나 벽 등에도 붙어 있습니다. 코팅제나 제균 스프레이를 잘 사용해서 화장실 전체를 깨끗하게 청소하면 더러움과 악취를 제거할 수 있습니다.

● 산성 세제와 염소계 세제는 섞어서 사용해서는 안 된다

화장실용 세제는 산성, 중성, 염소계로 나눌 수 있습니다.

악취나 더러움이 심하지 않다면 중성세제로 충분합니다. 악취가 심하고 찌든 때가 눌어붙어 있으면 산성이나 염소계 세제를 사용해야 합니다. 이런 세제를 한 통 다 뜨거운 물에 풀어서 쓰거나 세제를 키친타월에 묻혀서 변기에 붙여둔다는 숨겨진 비법이 살림 관련 책이나 인터넷에 여러 가지 소개되어 있습니다.

그런데 산성 세제와 염소계 세제 용기에 쓰인 '섞어서 사용하면 위험하다!'라는 주의사항은 반드시 지켜야 합니다. 설령 산성 세제와 염소계 세제를 각각 사용하는 경우라도 좁은 공간에서 연속해서 쓸 때는 반드시 충분한 시간 차이를 두고 청소해야 합니다.

염소계 세제에 포함된 차아염소산 나트륨이 산성 세제에 포함된 염산과 반응하면 겨우 몇십 초 동안 대량의 염소가스가 발생하기 때문입니다. 염소가스는 소량이라도 들이마시면 생명이 위험할 정도로 독성이 매우 강한 기체입니다.

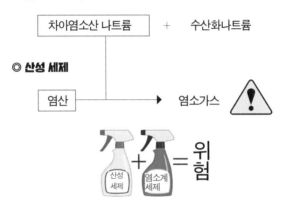

◎ **염소계 세제**(표백제 등)

차아염소산 나트륨   +   수산화나트륨

◎ **산성 세제**

염산   ➝   염소가스   ⚠

산성세제 + 염소계세제 = 위험

● **화장실 청소 솔에는 세균 8억 개가 존재한다!**

어느 기업에서 일반 가정의 화장실에 존재하는 잡균 수를 조사했더니 가장 잡균 수가 많았던 것은 오염된 변기를 직접 닦는 화장실 청소 솔이었습니다. 청소할 때마다 사용했던 화장실 청소 솔이 사실은 화장실 잡균과 곰팡이의 온상이었던 것입니다.

화장실 청소 솔 한 개당 72만~8억 4천만 개의 세균과 7만 2천~330만 개의 곰팡이가 있다는 충격적인 사실이 밝혀졌습니다. 이 숫

자는 하수도와 거의 같은 정도의 오염 수준이라고 할 수 있습니다.

이런 세균과 곰팡이는 화장실 청소 솔 수납함 안의 축축한 환경 속에서 폭발적으로 증가했을 거라고 추정됩니다. 또한, 청소 솔 물받이에 고여 있는 물에도 대량의 세균과 곰팡이가 서식하는 것이 확인되었습니다.

이런 세균과 곰팡이는 화장실 매트와 수건을 매개체로 번식하고 때로는 저항력이 낮은 어린아이나 노인에게 알레르기나 감염증을 일으킬 가능성이 있습니다.

이런 피해를 방지하기 위해서라도 청소를 하고 나서 화장실 청소 솔을 일광 소독해서 충분히 건조하고 보관하는 등 항상 청결을 유지하는 것이 중요합니다.

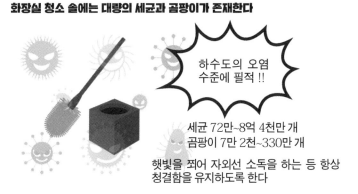

화장실 청소 솔에는 대량의 세균과 곰팡이가 존재한다

하수도의 오염
수준에 필적 !!

세균 72만~8억 4천만 개
곰팡이 7만 2천~330만 개

햇빛을 쪼여 자외선 소독을 하는 등 항상
청결함을 유지하도록 한다

25

왁스 칠하기와 마루 코팅은
어떤 차이가 있을까?

마루를 보호하기 위해 왁스와 코팅제 두 가지를 이용하는 방법이 있
습니다. 왁스는 정기적으로 실행하는 '관리', 코팅은 도장이나 내장
공사 같은 것입니다.

● 저렴하지만 노력이 필요한 왁스 칠하기

마루를 반짝반짝 윤을 내는 가장 간단한 방법은 왁스를 칠하는 것입니다. 이전에는 초등학교나 중학교 때 일 년에 몇 번, 마루에 왁스를 학생들이 직접 칠했습니다. 왁스를 칠하면 마루에 있는 눈에 보이지 않는 요철이 평평해지고 반짝반짝 보기 좋은 마루가 됩니다. 하지만 마루에 가볍게 칠할 수 있는 왁스에는 다음과 같은 단점이 있습니다.

· 길어도 일 년이면 효과가 떨어진다

· 알레르기의 원인이 될 수 있다

· 흠집을 막을 수 없다

· 수분이나 약품이 스며드는 것을 막을 수 없다

· 곰팡이를 막을 수 없다

· 왁스가 원인이 되어 마루에 까맣게 때가 탄다

대부분은 석 달마다 한 번씩 마루에 왁스를 칠해야 합니다. 방 수가 많은 경우에는 굉장히 힘들 것입니다. 그리고 알레르기의 원인이 되거나 흠집이 생기거나 수분이 스며드는 것을 막을 수 없다는 점은 어린아이가 있는 가정에서는 신경 쓰이는 문제입니다.

● 비싸지만 5~10년은 확실하게 보호되는 마루 코팅

마루를 보호하는 방법에는 한 가지 더 코팅이 있습니다.

마루를 코팅하는 경우에는 왁스를 칠해서 생기는 문제 대부분을 해결할 수 있습니다. 마루 코팅에는 주로 다음과 같은 방법이 있습니다.

· 유리 코팅
· 자외선(UV) 코팅
· 우레탄 코팅

각각 차이점이 있지만 5~10년 정도 보수를 할 필요가 없다는 것이 마루 코팅의 공통점입니다. 또한, 마루를 피막으로 꼼꼼하게 뒤덮기 때문에 각질이나 수분 등이 바닥에 스며드는 일도 없습니다. 그밖에, 마루에 유리 코팅을 하면, 연필 8H에 해당하는 아주 강한 강도를 갖게 되어서 철 수세미(steel wool)로 문질러도 긁히거나 흠집이 생기지 않습니다.

그리고 자외선(UV) 코팅은 자외선을 비추면 바로 굳어지는 재료를 사용하기 때문에 공사가 하루 만에 완료된다는 간편함이 있습니다.

하지만 마루 코팅을 하려면 비용이 많이 듭니다.

우레탄 코팅은 유리 코팅과 자외선 코팅보다 비용이 싸지만, 내구성이 약 5년 정도로 짧은 편입니다. 그리고 우레탄 코팅은 코팅 후 단단하게 굳을 때까지 한 달 정도 기간이 필요하다는 단점이 있습니다.

● 당신은 어느 쪽을 선택하겠나?

기능 면에서 볼 때 마루는 왁스로 칠하는 것보다는 코팅이 압도적으로 우수합니다. 마루 코팅은 비용이 아주 비싸고 실제로 시공할 때 가구를 모두 이동시켜야 하는 등 엄청나게 일이 커집니다. 이에 비해 마루에 왁스 칠하기는 값이 싸고 가구를 이동시킬 필요도 없습니다.

따라서 지금 사는 집이면 마루를 왁스로 칠하는 것이 좋습니다. 새로 집을 짓거나 리모델링을 하는 등 커다란 이동이 동반될 때는 마루 코팅을 하는 것도 한 가지 방법이 될 것입니다.

왁스와 마루 코팅의 차이점

	왁스	마루 코팅
왁스 칠하기	일 년에 몇 번 필요함	필요 없음
관리	물걸레질 절대 금지	물걸레질 가능
흠집이나 더러움	흠집이 나기 쉽다 물이나 더러움이 스며든다	흠집이 잘 나지 않는다 물이나 더러움이 스며들지 않는다
비용	싸다	비싸다

제4장

'가전제품·조명·빛'에 넘쳐나는 과학

26

'흡인력이 떨어지지 않는 청소기'는
그 이유가 뭘까?

흡인력이 떨어지지 않는다는 사실을 내세우는 청소기가 유행하고 있습니다. 그런데 어떻게 오랫동안 흡인력을 유지할 수 있을까요? 평범한 청소기와 무엇이 다를까요?

● 흡인력은 왜 떨어질까?

이제까지 나온 청소기는 대부분 '종이 팩 방식'을 채택하고 있었습니다. 흡인력 저하는 종이 팩과 필터의 막힘이 주요 원인으로 생깁니다. 그밖에도 종이 팩과 본체 사이의 틈으로 배기가스가 새어 나올 때도 있습니다. 미세한 먼지까지 제거하기 때문에 좀 더 촘촘한 필터를 채용하면 그만큼 막힘도 일어나기 쉬워집니다. 그래서 좀 더 세심하게 먼지를 털어내고 필터를 청소해야 합니다.

● 사이클론식 청소기는 1920년대에 발명되었다

사이클론식 청소기는 의외로 역사가 깊은 청소기로 1920년대에 발명되었습니다. 이미 1928년에는 사이클론식 청소기가 상품화되었지만 잘 팔리지 않아서 순식간에 모습을 감추어버렸습니다. 사이클론식 청소기의 원리는 공기와 함께 빨아들인 것을 원심력으로 용기 안쪽 벽으로 밀어붙이도록 해서 분리하고 중앙 부분에서 깨끗한 공기를 배출하는 것입니다. 잉크 공장 등에서 분체분리에 사용한 원리로 사이클론식 청소기는 그것을 응용한 것입니다. [43]

---

43) 사이클론은 1886년, 미국의 모스(M.O.Morse)가 발명했습니다. 1983년, 영국인 제임스 다이슨이 청소기에 사이클론 청소기의 원리를 응용해서 내놓았습니다.

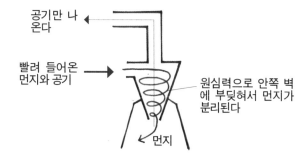

원심력을 이용해서 먼지를 분리한다

공기만 나
온다

빨려 들어온
먼지와 공기

원심력으로 안쪽 벽
에 부딪혀서 먼지가
분리된다

먼지

● 사이클론식 청소기의 흡인력은 떨어지지 않는가?

종이 팩 청소기는 종이 팩의 필터로 빨아들인 먼지를 수납하기 때문에 먼지가 들어온 순간부터 흡인력의 저하가 시작됩니다.

그에 비해 사이클론식 청소기는 원심력으로 먼지를 제거하는 방식입니다. 그래서 중앙 부분에서 깨끗한 공기가 자연스럽게 나가기 때문에 흡인력 저하가 적습니다. 하지만 먼지 통에 먼지가 가득 쌓이면 공기가 자연스럽게 나가지 못해 흡인력이 떨어집니다. 그러니까 사이클론식 청소기는 먼지 통을 부지런히 비워야 합니다.

사이클론식 청소기에도 필터는 있습니다. 하지만 빨아들인 먼지는 사이클론 부분에서 대부분 분리되기에 그곳을 통과한 공기는 상당히 깨끗해집니다. 그래서 종이 팩 청소기보다 사이클론식 청소기는 필터의 막힘이 훨씬 적습니다.

하지만 사이클론 청소기도 필터의 막힘이 전혀 없는 것은 아닙니다. 따라서 '흡인력이 떨어지지 않는 청소기'는 정확히 표현하자면 '흡인력이 웬만해서 떨어지지 않는 청소기'[44]가 될 것입니다.

---

44) 만약에 흡인력이 전혀 떨어지지 않는 즉 사이클론 청소기로 모든 먼지를 제거할 수 있다면 그 뒤에 있는 필터는 불필요할 것입니다.

27

위, 아래 어느 쪽 스위치라도
ON, OFF가 가능한 이유는 무엇일까?

계단 위와 아래, 복도에 있는 스위치는 모두 다 전등을 켜거나 끌 수 있습니다. 이 스위치의 구조는 어떻게 되어 있는 걸까요?

● 전류가 흘러가는 길, 회로란 무엇일까?

건전지를 전원으로 쓸 때의 회로를 생각해봅시다.

전류는 전원의 플러스극(+)에서 나와서 도선을 흘러 전구를 켜거나 모터를 돌게 만들고 다시 도선을 흘러 전원의 마이너스극(-)으로 돌아옵니다.

이렇게 한 바퀴 빙 전류가 흘러가는 길을 '회로'라고 합니다. 회로는 '한 바퀴 빙 돌아가는 길'을 말합니다.

회로도의 예

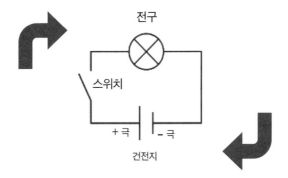

● 계단에 있는 전등을 켰다 끄는 스위치

계단의 전등은 1층이든 2층이든 자유롭게 켜거나 끌 수 있습니다.

회로 스위치 부분은 그림처럼 되어 있고 스위치로 조작이 가능합니다. 삼로 스위치(three-way switch)라는 시소식 스위치입니다.

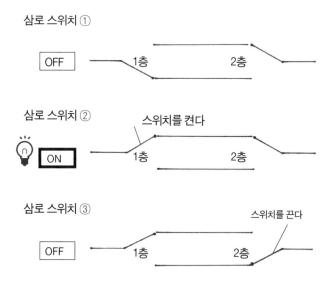

삼로 스위치 ①

OFF 1층 2층

삼로 스위치 ②

스위치를 켠다

ON 1층 2층

삼로 스위치 ③

스위치를 끈다

OFF 1층 2층

예를 들어 그림 ①의 꺼져 있는 전기 상태에서 ②의 그림처럼 1층 쪽 스위치를 켜보세요. 이제 회로가 연결되어 있다는 것을 알 수 있습니다. 다음에 2층으로 올라가서 ③의 그림처럼 스위치를 꺼보세요. 어떻습니까? 이것이 바로 삼로 스위치의 원리[45]입니다.

---

45) 평범한 스위치에는 ON과 OFF를 알 수 있도록 표시가 되어 있지만, 이 삼로 스위치에
   는 표시가 없다는 것도 특징입니다.

● 가정에서 조심해야 할 단락 회로

보통 회로에는 플러스극과 마이너스극 사이에 전구나 모터 등이 있습니다. 그런데 전구나 모터 없이 플러스극과 마이너스극을 직접 연결하는 단락 회로[46]라는 것이 있습니다. 단락 회로에는 굉장히 강한 전류가 흐릅니다.

단락 회로의 이미지

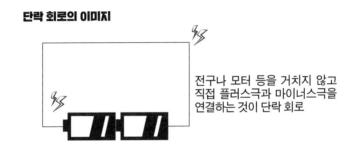

전구나 모터 등을 거치지 않고 직접 플러스극과 마이너스극을 연결하는 것이 단락 회로

예를 들어 건전지의 플러스극과 마이너스극을 도선으로 직접 연결해도 단락 회로가 됩니다. 강한 전류가 계속 흐르기 때문에 건전지와 도선이 뜨거워집니다. 직접 손에 들고 있으면 화상을 입게 되거나 건전지가 파열될 수도 있습니다.

일본 가정의 콘센트 전압은 100볼트입니다. 건전지 전압은 1.5볼트이므로 약 66배도 넘어 사고가 나면 엄청난 일이 벌어집니다. 불꽃

---

46) 단락 회로(short circuit)는 전원의 플러스와 마이너스를 전구와 모터 등 저항 없이 직접 연결하는 것을 말합니다. 그런 연결 회로를 '단락 회로'라고 하고 그때 과도한 전류가 흐르는 것을 '쇼트가 났다'라고 합니다.

이 튀거나 전기 코드(도선)가 녹아버리거나 피복이 불타버리기도 합니다. 화재가 발생하거나 감전되어 최악의 경우 목숨을 잃을 수도 있습니다.

전기 코드는 전류가 흐르기 어려운 절연체 비닐 등으로 금속(구리)을 감싸고 있습니다. 그런데 이것도 단락 회로가 되지 않도록 하려는 것입니다. 만약에 금속이 겉으로 드러난 전기 코드였다면 그 사이에 금속이 끼어들면 단락 회로가 되어버립니다.

전기 기구는 전류가 흐르는 부분 말고는 절연체로 덮어서 단락 회로가 일어나기 어렵게 만듭니다. 하지만 전기 코드의 절연체가 열화하거나 파괴되면 단락 회로가 일어나기 쉽습니다.

단락 회로를 방지하려면 다음 사항을 주의하길 바랍니다.

① 전기 코드를 묶어두거나 문어발 배선을 만들지 않는다
② 전기 코드를 가구 등의 밑에 깔리지 않도록 한다
③ 못이나 스테이플러로 전기 코드를 고정하지 않는다
④ 콘센트에서 플러그를 뺄 때는 반드시 플러그 본체를 쥐고 빼야지 코드를 잡아당겨서는 안 됩니다.

● 전원이 들어오지 않아도 일어나는 트래킹 현상

트래킹 현상이란 콘센트에 꽂아둔 채로 있었던 플러그에 쌓인 먼지에 습기 등 수분이 부착해서 전기가 흐르다가 불꽃이 발생하는 현

상을 말합니다. 트래킹 현상이 무서운 이유는 전기 제품을 사용하지 않아도, 전원을 꺼두어도, 콘센트에 플러그가 꽂혀만 있어도 발생하기 때문입니다.

트래킹 현상을 막기 위해서는 다음과 같은 점을 주의해야 합니다.

① 사용하지 않을 때는 콘센트에서 플러그를 뽑아놓는다

② 냉장고 등 항상 꽂아두는 플러그는 때때로 점검해서 먼지를 털 어버린다

③ 장롱 뒤 등 눈에 보이지 않는 장소에 있는 콘센트를 찾아서 종 종 청소한다

④ 트래킹 방지 전기 코드나 플러그에 먼지가 쌓이지 않는 커버 등 을 사용한다.

28

컴퓨터에 반드시 장착된
USB는 무엇일까?

최근 전용 충전기를 사용하지 않고 USB를 이용해서 충전하는 기기
가 우리 주위에 늘어나고 있습니다. USB는 무엇인지, 그리고 그 특
성이나 주의점에 대해 살펴보겠습니다.

● 편리하게 사용할 수 있는 USB 규격

약 30년 전까지만 해도 키보드와 마우스, 프린터, 스캐너 등의 기기가 각각 다른 규격으로 컴퓨터에 연결되어 있었습니다. 조작도 달라서 성가시기 짝이 없었습니다. 그래서 다수의 기기를 하나의 규격으로 컴퓨터에 접속할 수 있도록 만든 규격이 USB(Universal Serial Bus)입니다.

USB 규격 덕분에 키보드나 마우스 등 주변 기기를 다수 접속하는 것이 가능해지고 동시에 전원도 공급할 수 있는 등 편리해졌습니다. 지금은 초보자도 쉽게 쓰도록 다양한 제품에 USB가 사용되고 있습니다.

● USB 포트에 따라 충전하는 시간이 달라진다

USB 충전 속도에는 차이가 있습니다.[47]

현재 사용되는 USB의 전압은 5.0볼트로 정해져 있습니다. 그러니까 전압이 정해져 있다는 것은 전류가 많이 흐르면 충전 시간이 짧아지고, 전류가 조금밖에 흐르지 않으면 충전 시간이 길어지게 된다는 것입니다. 마치 수도꼭지에서 물이 콸콸 쏟아지면 물통에 물이 금

---

47) 전지에 전기 에너지를 모으는 것을 '충전'이라고 합니다. 그 전기 에너지는 '전압 × 전류 × 충전 시간' 식으로 표기됩니다.

방 차지만 물이 조금씩 나오면 다 찰 때까지 시간이 걸리는 것과 같습니다.

컴퓨터의 USB 포트에서 흐르는 전류는 규격으로 정해져 있습니다. 'USB 2.0'은 500밀리암페어(0.5암페어)입니다. 절연체가 파란색인 'USB 3.0'은 900밀리암페어(0.9암페어)까지입니다.

따라서 파란색 USB 포트를 사용하면 훨씬 빨리 충전할 수 있습니다. [48]

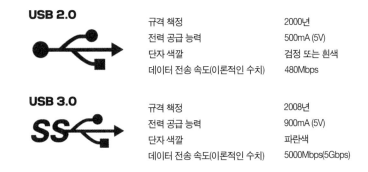

USB 2.0

규격 책정	2000년
전력 공급 능력	500mA (5V)
단자 색깔	검정 또는 흰색
데이터 전송 속도(이론적인 수치)	480Mbps

USB 3.0

규격 책정	2008년
전력 공급 능력	900mA (5V)
단자 색깔	파란색
데이터 전송 속도(이론적인 수치)	5000Mbps(5Gbps)

● **USB 허브를 사용하면 충전 시간이 짧아진다?**

USB 포트의 수를 늘리기 위해 사용하는 USB 허브에는 컴퓨터에서 전기를 받는 버스 파워(Bus Power) 방식과 AC 어댑터에서 전기를

---

48) 최근에는 전송 속도와 충전 속도가 훨씬 빠른 'USB 3.1'이 발매되었습니다. USB 3.1에서는 기기끼리 통신하고 대응할 수 있는 전압과 전류를 확실히 확인하고 5V 2A에서 20V 5A까지 단계적으로 전압과 전류를 끌어올리는 사양으로 되어 있습니다. 이것은 USB 3.0보다 최대 약 22배 빠르게 충전할 수 있는 규격입니다.

받는 셀프 파워(Self Power) 방식, 두 종류가 있습니다. 2암페어 출력의 포트가 있는 셀프 파워 방식의 USB 허브라면 태블릿 충전, 스마트폰 급속 충전도 가능합니다.

그러나 버스 파워 방식의 USB 허브는 컴퓨터에서 전기를 공급받기 때문에 충전 시간이 짧지는 않습니다. 반대로 기기를 잔뜩 연결해서 공급할 수 있는 전류가 줄어들어 충전에 시간이 오래 걸리기도 합니다.[49]

컴퓨터에 연결하지 않고 직접 콘센트에 꽂아서 사용하는 USB 충전기를 쓰면 충전기의 '출력 5V/2.5A'라는 표기에 주목하세요.

기종에 따라 다르지만, 스마트폰 충전에 0.9암페어 이상(급속 충전 1.8암페어 이상), 태블릿 충전에 2.0암페어 이상이면 쾌적하게 충전 가능합니다. 하지만 조악한 제품을 써서 발생하는 화재나 감전사고도 있기에 주의하기 바랍니다.

● 대활약하는 USB 메모리

기억 용량이 크고 전송 속도가 빠르고 가격이 저렴해진 USB 메모리는 다양한 활용 방식이 있습니다. USB 특성을 잘 파악해서 활용하도록 합시다.

---

49) 버스 파워 방식은 마우스나 키보드 등 소비전력이 작은 기기의 접속에 적당합니다.

· 원래 사용 방식인 파일 보존

· 데이터를 주고받을 때 쓰는 매체

사용하는 컴퓨터를 거의 신경 쓰지 않아도 데이터는 주고받을 수 있습니다.

· 컴퓨터 데이터의 백업

컴퓨터가 고장 났을 때를 대비해서 데이터를 일시적으로 백업해 둘 수 있습니다. 그리고 집과 직장처럼 다른 장소에서 일할 때 각각의 컴퓨터에 들어 있는 데이터를 동기화해서 최신 상태를 유지하는 USB 소프트웨어도 있습니다.

· 컴퓨터 처리 속도 향상

컴퓨터는 하드디스크의 비어있는 공간이 줄어들면 처리 속도가 느려집니다. 화상이나 영상 파일을 USB 메모리에 옮기고 하드디스크의 공간을 늘리면 컴퓨터 처리 속도를 향상할 수 있습니다.

· 사용하는 소프트웨어를 USB 메모리에 설치

컴퓨터에 설치하지 않더라도 USB에 보존해서 사용할 수 있는 소프트웨어가 개발되고 있습니다. 외부에서 컴퓨터를 빌려서 오피스 파일을 열람, 편집하는 것도 가능합니다.

· 중요한 파일의 암호화

암호화 소프트웨어를 이용해서 중요한 파일을 암호화하는 것도 가능합니다. 그리고 평범하게 보존하는 것만으로도 암호화되어서, 컴퓨터에서 USB를 떼면 패스워드로 보호되는 USB 메모리도 있습니다.

한편 USB 메모리에는 다음과 같은 약점도 있습니다.[50]

· 플래시메모리의 수명

USB 메모리로 사용되고 있는 플래시메모리에는 수명이 있습니다. 사용하면 사용할수록 수명이 짧아지기 때문에 장기 보존에는 어울리지 않습니다. 그리고 사용하지 않으면 전지의 자연 방전처럼 부분적으로 데이터가 사라질 때가 있습니다.

· 제대로 USB를 떼어낼 것

USB 메모리를 제대로 컴퓨터에서 떼어내지 않으면 USB 메모리에 보존한 데이터가 손상될 수가 있습니다.

---

50) 여기서 말한 것 말고도 바이러스에 감염된 컴퓨터에 USB 메모리를 접속하기만 해도 바이러스에 감염되는 일도 있습니다. 데이터 분실이나 유실 같은 사고도 일어나므로 주의하기 바랍니다.

29

형광등이 빛나는 원리가
오로라와 같다고?

우리 주변에 LED 전구가 늘어나고 있지만 아직은 형광등이 더 친숙
할 것입니다. 그 형광등이 빛나는 원리와 오로라가 반짝거리는 원리
가 같다고 하면 깜짝 놀랄 것입니다.

● 형광등은 어떤 원리로 빛날까?

형광등은 원통형 유리관으로 되어 있는데 양쪽 끝에 전극이 붙어 있습니다.

이 유리관 안에는 아르곤 가스[51] 등 비활성기체(inert gas)[52]와 약간의 수은이 들어 있습니다. 그리고 유리관 안쪽 벽에는 형광물질이 칠해져 있습니다. 형광등이 새하얗게 보이는 것은 형광물질이 칠해져 있기 때문입니다.

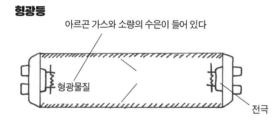

형광등

아르곤 가스와 소량의 수은이 들어 있다

형광물질

전극

형광등 스위치를 켜면 전극에 높은 전압이 걸려서 전극에서 전자가 튀어나옵니다. 그렇게 되면 먼저 아르곤 가스의 원자에 전자가 충돌해서 열이 발생해서 수은이 증기가 됩니다. 유리관 안에서는 따로 떨어진 수은 원자가 사방으로 튀게 됩니다.

---

51) 아르곤 가스는 질소, 산소에 이어 대기 중에 세 번째로 많이 존재하는 기체입니다.

52) 비활성기체는 주기율표 18족에 속한 원소의 총칭입니다. 아르곤 가스 외에 헬륨, 네온, 크립톤, 크세논, 라돈이 있습니다. 희가스, 불활성 가스라고도 합니다.

그때 수은 원자는 안정된 에너지 상태, 즉 바닥 상태에 있지만, 전자가 고속으로 부딪혀오게 되면 전자에서 에너지를 받아 높은 에너지 상태, 즉 들뜬상태가 됩니다.

그 높은 에너지 상태, 즉 불안정한 들뜬상태에서 다시 안정된 바닥 상태로 돌아갈 때 전자에서 받은 에너지 분량을 자외선이라는 빛 에너지로 바깥으로 내보내는 것입니다.

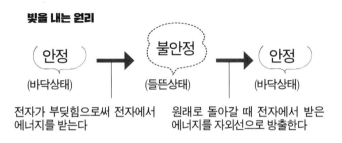

빛을 내는 원리

안정 (바닥상태) → 불안정 (들뜬상태) → 안정 (바닥상태)

전자가 부딪힘으로써 전자에서 에너지를 받는다

원래로 돌아갈 때 전자에서 받은 에너지를 자외선으로 방출한다

튀어 나간 자외선은 사람의 눈에는 보이지 않습니다. 하지만 자외선이 형광물질에 부딪힘으로써 사람의 눈에 보이는 빛, 즉 가시광선이 되어 형광등 바깥쪽으로 방사됩니다. 이것이 형광등이 빛나는 원리입니다.

형광등 안에서 일어나는 일

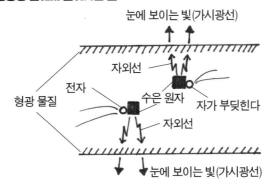

● 형광등과 오로라가 같다는 것은 어떤 의미일까?

북극과 남극의 가까운 지역 밤하늘에서 볼 수 있는 아름다운 발광 현상이 '오로라'입니다. 이 오로라는 형광등이 빛나는 원리와 비슷합니다.

오로라는 태양에서 불어오는 태양풍, 즉 고에너지 입자(high energy particle)가 원인이 되어 발생합니다.

고에너지 입자가 지구 대기에 부딪히면 대기 중의 질소 분자나 산소 원자에 에너지를 줍니다. 그러니까 대기 중의 분자나 원자가 '들뜬상태'가 되는 것입니다. 그것이 원래 상태인 바닥 상태로 돌아갈 때 초록과 빨간색 빛을 발하게 됩니다.

이것은 마치 형광등 안에서 전자가 수은 원자에 부딪혀서 들뜬상태가 되고 바닥 상태로 돌아갈 때 자외선을 내보내는 것과 같은 원리입니다.

오로라가 빛나는 원리

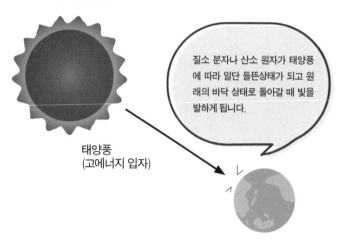

질소 분자나 산소 원자가 태양풍에 따라 일단 들뜬상태가 되고 원래의 바닥 상태로 돌아갈 때 빛을 발하게 됩니다.

태양풍
(고에너지 입자)

● 전등 근처로 곤충이 모여드는 이유

여름밤에 방충망이 없는 창문을 열어둔 채로 있으면 방에 켜있는 불빛을 향해 곤충이 잔뜩 달려들어서 곤란할 때가 있습니다. 왜 곤충은 방 안으로 날아들어 올까요?

앞서 설명했듯이 형광등은 먼저 자외선을 발생시키고 그것을 가시광선으로 바꾸기 때문에 자외선 일부가 형광 관에서 새어 나오게 됩니다. 곤충은 빛, 특히 자외선이나 열을 향해서 날아가는 성질이 있어서 형광등 불빛이 곤충을 모여들게 하는 것입니다.

한편 LED는 파란색 LED와 노란색 형광체에서 유사 백색을 만들고 있는 것이 많아서 형광등과 비교해서 자외선의 양이 훨씬 적습니다. 자외선이 거의 나오지 않는 LED 빛은 곤충에게 어둡게 느껴진

다고 합니다. 그래서 전등을 LED로 교체하면 곤충이 잘 모여들지
않게 됩니다. [53]

빛의 파장과 자외선

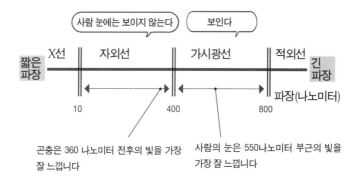

사람 눈에는 보이지 않는다 / 보인다

짧은 파장 | X선 | 자외선 | 가시광선 | 적외선 | 긴 파장

10   400   800   파장(나노미터)

곤충은 360 나노미터 전후의 빛을 가장 잘 느낍니다

사람의 눈은 550나노미터 부근의 빛을 가장 잘 느낍니다

---

53) 여름에 성가신 대표적인 곤충은 모기입니다. 모기는 자외선이 아니라 이산화탄소에 이
끌려서 사람에게 다가옵니다. 그래서 LED 전구로 교체해도 모기를 못 오게 하는 효과
는 없습니다.

30

어두울 때 빛나는 '축광 도료'는
어떤 원리일까?

전등을 꺼도 한동안 빛나는 '축광 도료'가 있습니다. 캄캄한 어둠 속에서 스위치가 있는 곳이나 비상구의 위치를 알려주는 역할을 합니다. 전원이 없어도 빛나는 축광 도료는 어떤 원리로 반짝이게 되는 걸까요?

● '형광물질'과 '축광 물질'은 다르다

산뜻한 색깔을 뽐내는 형광펜을 사용하는 사람이 많을 것입니다. 그밖에도 형광등, 플라스마 디스플레이 등에 사용하는 '형광물질'은 빛을 받으면 산뜻하게 반짝거립니다. 이런 형광물질은 빛을 받으면 반짝인다는 특징이 있습니다.

도깨비 집 등 캄캄한 곳에서 형광물질이 반짝이는 장면을 종종 본 적이 있을 것입니다. 하지만 이것은 자외선 등 우리의 눈에는 보이지 않는 빛이 닿기 때문에 그렇게 보이는 것뿐입니다. 형광 물질이 스스로 빛나는 일은 없습니다.

한편 피난 유도 표식 등에 사용되는 '축광 물질'은 빛이 꺼진 후에도 빛납니다. 축광 물질은 빛이 닿지 않아도 스스로 빛을 낸다는 것이 형광물질과 다릅니다.

하지만 반짝이는 원리는 형광물질과 축광 물질, 둘 다 비슷합니다. 어떤 원리로 되어 있는지 지금부터 살펴봅시다.

● 형광물질이 '빛'을 발하는 원리

형광물질이 안정된 상태, 즉 바닥 상태에 있는 곳에 빛이 닿으면 형광물질은 빛에서 에너지를 받아 높은 에너지 상태, 즉 들뜬상태가 됩니다. 불안정한 높은 에너지 상태, 즉 들뜬상태가 되었던 것은 바로 또 원래의 안정된 상태, 즉 바닥 상태로 돌아갑니다. 그때 형광물질이나 축광 물질은 '빛'이라는 형태로 에너지를 내보냅니다.

형광물질이 빛나는 원리

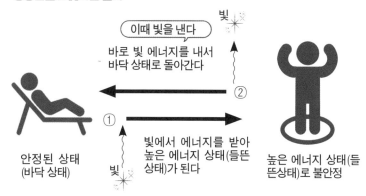

이때 빛을 낸다

바로 빛 에너지를 내서 바닥 상태로 돌아간다

② 빛

안정된 상태 (바닥 상태)

① 빛

빛에서 에너지를 받아 높은 에너지 상태(들뜬 상태)가 된다

높은 에너지 상태(들 뜬상태)로 불안정

눈에 보이는 빛, 즉 가시광선뿐만 아니라 가시광선보다 파장이 짧고 에너지가 강한 자외선을 받았을 때라도 형광물질은 높은 에너지 상태(들뜬상태)가 됩니다. 그리고 그곳에서 안정된 바닥 상태로 돌아갈 때는 아까와 마찬가지로 눈에 보이는 빛이 나옵니다. 눈에 보이지 않는 자외선이 닿았을 때도 빛나 보이는 것은 그 때문입니다.

● 바로 안정되지는 않는 축광 물질

앞서 설명했던 대로 형광물질은 들뜬상태에서 빛을 내고 바로 안정된 상태로 돌아갑니다. 그래서 빛이 닿지 않게 되면 형광물질은 빛나지 않게 됩니다.

한편 축광 물질은 불안정한 들뜬상태에서 조금 안정된 상태, 이 상태를 '들뜬 삼중항 상태'라고 하는데 그곳에서 안정된 바닥 상태로 돌아갑니다. 바로 안정된 상태로 돌아가는 것은 아닙니다.

그러니까 빛이 닿지 않아도 들뜬 삼중항 상태에서 서서히 빛을 내고 바닥 상태로 돌아가기 때문에 축광 물질이 계속 빛나는 것입니다. 마치 빛을 모아두고 있는 것처럼 보이는 것은 그 때문입니다.[54]

축광 물질이 빛나는 원리

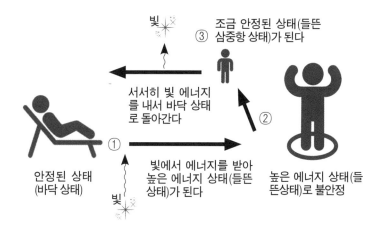

---

54) 축광은 '인광(燐光)'이라고도 부릅니다.

● 지금은 사용되지 않는 야광 도료

예전에는 시곗바늘이나 문자판 등 우리 가까이에 있는 제품에 '야광 도료'가 사용되었습니다. 야광 도료는 빛이 닿지 않아도 한밤중에 빛이 납니다. 어떤 원리로 빛나는 것일까요?

19세기가 끝나갈 무렵 라듐 등 방사성 물질이 발견되었습니다. 방사성 물질은 방사선을 계속 내보냅니다. 이 방사성 물질을 형광물질에 섞으면 방사선이 형광물질에 닿아 반영구적으로 계속 빛나게 되는 것입니다. 이것이 야광 도료의 원리입니다.[55]

이 시대에는 방사성 물질의 인체에 대한 위험성이 아직 알려지지 않았습니다. 그래서 시계 공장에서 야광 도료 때문에 피폭을 입는 사고도 일어났습니다. 여자 직원이 야광 시계의 문자판을 라듐이 들어간 도료를 묻혀 붓으로 그리던 시절이었습니다. 그때 붓을 입 끝으로 뾰족하게 만들었기 때문에 라듐이 몸 안으로 들어가 뼈 주위에 생기는 암에 걸렸다고 합니다.

방사선의 안정성이 문제가 되고 나서는 좀 더 안전한 프로메튬 화합물이나 트리튬을 사용한 야광 도료가 개발되었습니다. 하지만 여전히 방사성 물질이 사용되고 있다는 사실에는 변함이 없습니다.

---

55) 라듐을 이용한 시계는 1960년 무렵까지 제조되었습니다. 라듐이 방출하는 α파의 방사선은 종이 한 장으로 막을 수 있는 수준이라서 사용자에게 영향을 주지는 않는다고 합니다.

31

LED 전구는 형광등보다
수명이 몇 배 더 길까?

국제 조약의 체결이나 나라의 성장 전략 등 형광등으로써는 '역풍'이라고 할 수 있는 상황이 이어지고 있습니다. LED 전구도 보급이 점점 늘어나고 있습니다. LED 전구와 형광등의 차이점을 확인해봅시다.

● 모든 형광등에는 수은이 들어 있다

2013년 10월에 구마모토현에서 개최된 국제 연합 환경 계획 (UNEP)의 외교 회의에서 수은 오염 방지를 위한 국제적인 수은 규제에 관한 '미나마타 조약'이 채택되었습니다.[56]

앞서 설명했듯이 형광등에는 수은이 사용되고 있습니다. 그래서 형광등은 이 조약의 규제를 받습니다.

예를 들어 30와트 이하의 일반 조명용 콤팩트 형광 램프, 그리고 전구형 형광 램프도 포함해서 전구 한 개당 수은 주입량이 5밀리그램을 넘는 것은 제조, 수출, 수입이 금지됩니다.

미나마타병의 원인이 되는 위험한 이미지가 강한 수은이지만 형광 램프에 사용되는 수은은 '금속 수은'으로 미나마타병을 일으키는 '유기 수은'과는 다른 물질입니다.

아무튼, 형광 램프에 들어가는 수은을 대체할 수 있는 물질은 아직 발견하지 못했다는 것이 현재 상황입니다. 형광 램프 안에는 모두 수은이 들어 있습니다.

---

56) 2017년에 발효된 국제 조약으로 정식 명칭은 '수은에 관한 미나마타 조약'입니다. 조약의 명칭에는 일본 정부의 제안에 따라 '미나마타병 같은 피해를 두 번 다시 되풀이하지 않는다'라는 정신을 담아 '미나마타'라는 글자가 더해졌습니다.

● 형광등과 LED의 차이점

형광등을 대신할 조명으로 널리 보급되고 있는 것이 LED 조명입니다.

LED는 형광등보다 수명이 길고 형광등의 정격 수명이 약 8000시간인 데 비해 LED의 수명은 약 4만 시간입니다. 정격 수명이란 규정 조건으로 시험했을 때 평균 수명치로 LED 쪽이 형광등보다 수명은 다섯 배나 길고 단순 계산으로 형광등 다섯 개 분량의 시간 동안 사용할 수 있다는 것입니다.

LED 가격이 비싼 이유는 재료인 칼륨의 공급과 가격이 안정되어 있지 않고, 제조 방법이 특수하기 때문입니다. 그리고 형광등과 비교해서 부품의 수나 공정(수고)도 많이 들어가기 때문에 생산 비용이 높습니다. 최근에 보급이 늘어나서 LED 전구의 가격도 점점 내려가고 있습니다. 하지만 그래도 형광등 정도 가격까지 낮아지지는 않을 거라고 예상됩니다.

● LED로 교체할 때의 주의점

조명기구는 매일 사용하는 것이기 때문에 LED 전구를 선택하는 편이 장기적으로는 이득이 됩니다. [57] 현재 사용하고 있는 형광등이

---

57) LED 전구와 형광등의 소비전력 차이는 사실은 그다지 크지 않습니다. 하지만 매일 사용하면 그 차이는 점점 축적되어 갑니다.

까맣게 변하거나 점멸하거나 수명이 오래가지 않는다면 LED 교체 타이밍입니다.

그때 주의해야 할 점은 같이 쓰지는 않아야 한다는 것입니다.

하나의 조명기구에 여러 개의 전구가 필요한 경우에 형광등과

형광등   LED

백열등 100W 상당의 밝기로 비교한 차이점

· 전구	백열등	전구형 형광등	LED
· 소비전력 00W	22W	17W	
· 수명	000시간	8000시간	40000시간
· 24시간 전기 요금	53엔	12엔	9엔

LED 전구를 같이 쓰면 소비전력의 차이도 있고 LED 전구의 수명이 짧아질 가능성이 있습니다. LED 전구로 교체하기로 생각했다면 과감하게 한꺼번에 바꿀 것을 권합니다.

32

왜 하늘은 파랗고 노을은 빨갈까?

파란 하늘을 바라보면 기분이 좋아집니다. 새해 해돋이나 웅장한 노을도 아름답습니다. 그런데 왜 하늘은 파란지, 노을은 빨간지 생각해 본 적이 있나요?

● 하늘이 파랗게 보이는 이유

하늘이 파란 이유는 태양 빛이 대기 중의 질소 분자나 산소 분자, 그리고 그들 분자 집단의 흔들림으로 산란하기 때문입니다.

빛은 파장이 짧을수록 산란하기 쉽습니다. 그래서 파란색이나 보라색 빛일수록 사방팔방 산란하기 쉽습니다.

하늘을 바라보면 그 산란광의 일부가 우리 눈에 들어오기 때문에 파랗게 보이는 것입니다.

태양광

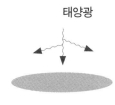

태양 빛이 대기 중의 분자 집단의 흔들림으로 산란시켜서 하늘이 파랗게 보인다.

* 파장이 짧은 파란색이나 보라색은 사방팔방 산란하기 쉽다.

한편 해돋이와 해넘이 때 태양은 우리가 보기에 땅바닥 아주 가까이에 위치하고 빛은 대기 중의 긴 거리를 지나가기 때문에 산란하지 않고 남은 빛이 우리 눈에 도달합니다. 파란색이나 보라색과 달리 빨간색이나 오렌지색 빛은 파장이 길고 산란하기 어렵습니다.

태양 빛이 긴 거리를 지나서 산란하지 않고 남은 빛이 눈에 도달한다.

* 파장이 긴 빨간색이나 오렌지색은 산란하기 어렵다.

태양광

193

● 바다가 파랗게 보이는 이유

하늘 색깔이 파란 이유는 빛을 산란하는 미립자나 분자 집단의 흔들림이 존재하기 때문입니다. 그렇다면 바다의 경우에는 어떨까요? 종종 '바다 색깔이 파란 것은 하늘 색깔이 파란 이유와 같다'라는 설명이 있지만, 그것은 오해입니다. 대기와 마찬가지로 물 분자의 산란에 따라 파란색으로 보이는 것은 아닙니다.

사실 물 분자는 빨간색 부근의 빛을 흡수하고 있는 것입니다.

실험 결과에 따르면 빨간색을 중심[58]으로 흡수가 관측됩니다. 물속을 빛이 통과하고 길이가 길어지면 길어질수록 빨간색이 사라지게 됩니다.

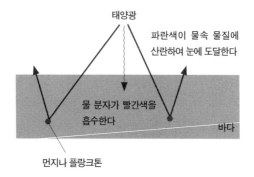

---

58) 760나노미터, 660나노미터, 605나노미터.

빨간색이 흡수되면 나머지 빛은 파란색이 됩니다. 빨간색과 파란색은 보색 관계입니다. 그 나머지 빛이 물속의 먼지나 플랑크톤 같은 물질에 산란하여 우리 눈에 도달합니다.

그러니까 바다가 파랗게 보이는 것은 빨간색이 흡수되고 파란색이 남은 투과 광이 물속의 물질에 산란하여 눈에 도달하기 때문입니다.

제5장

'쾌적한 생활'에 넘쳐나는 과학

33

형상 기억 합금 와이어 원리는?

넓빤지에 못을 잘못 박았을 때 다시 원래대로 되돌려 놓기는 쉽지 않습니다. 그런데 따뜻하게만 해줘도 원래대로 되돌아가는 금속이 있습니다. '형상 기억 합금 와이어'가 들어 있는 브래지어는 이런 원리를 응용해서 만들었습니다.

● 구부려도 원래대로 되돌아가는 '형상 기억 합금 와이어'

형상 기억 합금으로 만든 U자 모양의 와이어를 손으로 한번 쭉 늘여보세요. 보통의 금속 와이어라면 이것을 U자 모양으로 되돌리기가 굉장히 어렵지만 형상 기억 합금이라면 뜨거운 물에 넣는 등 따뜻하게만 해줘도 간단하게 원래 모양으로 되돌아갑니다.

● 전투기에서 브래지어까지

1963년, 미국 해군에서 니켈과 티탄 합금에서 형상 기억 효과가 나타나는 것을 발견했습니다.

1970년대에는 그 이용에 관한 연구가 시작되어 형상 기억 합금 파이프의 이음새가 개발되었습니다. 절단된 두 개의 파이프를 그것보다도 지름이 커다란 형상 기억 합금 파이프로 연결합니다. 그리고 온도를 따뜻하게 높여주면 바깥쪽 형상 기억 합금만 줄어들어서 단단히 조여지게 됩니다. 고정 나사 등을 사용하지 않은 단순한 구조의 배관이 실현되어 미군의 F-14 전투기의 유압 관으로 처음으로 실용화되었습니다.

1980년대, 일본에서는 형상 기억 합금 와이어를 이용한 브래지어가 등장했고, 첨단 속옷으로 크게 화제가 되었습니다.

세탁 등으로 와이어가 찌그러져도 가슴에 닿으면 체온으로 원래 모양으로 되돌아갑니다. 현재 형상 기억 합금은 공업 분야, 에너지 분야, 의료 분야 등에도 널리 응용되고 있습니다.

● 형상 기억 합금의 원리

평범한 금속이나 합금은 변형되면 원래대로 되돌아가지 못합니다. 그것은 내부의 원자끼리 연결이 끊어지거나 다른 원자와 연결되어버리기 때문입니다. 원래의 모양으로 되돌리려면 약간의 힘을 가해서 변형시켜도 원자끼리의 연결이 유지되는 여유 있는 구조여야 합니다. 요컨대 형상 기억 합금은 원자끼리의 연결에 여유 있는 구조여서 변형이 가능합니다.

예를 들어 형상 기억 합금의 주류인 티탄과 니켈을 거의 일대일 비율로 만든 합금은 이 비율을 조금만 바꿔도 모양이 원래대로 되돌아가는 온도, 즉 전이 온도를 십몇 도에서 100도 정도까지 올릴 수도 내릴 수도 있습니다.

만약에 전이 온도가 35도인 경우 35도 이상에서 목적하는 모양, 즉 최초의 모양이 됩니다. 이것을 35도 미만으로 식히면 원자의 연결을 유지한 상태에서 간단히 모양을 바꿀 수 있습니다.

그러나 온도를 올려서 다시 전이 온도가 35도 이상이 되면 최초의 모양으로 되돌아갑니다. 요컨대 이 경우에는 35도보다 낮은 온도에서 변형되어도 체온으로 따뜻하게 하면 원래 모양으로 되돌아갈 수 있습니다.

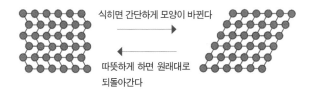

형상 기억 합금 원자의 연결

식히면 간단하게 모양이 바뀐다

따뜻하게 하면 원래대로
되돌아간다

● 초탄성

형상 기억 합금은 전이 온도 이상일 때, 즉 최초의 모양으로 되돌아간 상태에서 힘을 가해서 변형시켜도 힘을 가하는 것을 그만두면 원래 모양대로 되돌아갑니다. 원자끼리는 연결된 상태이고 원자 사이에는 여유가 있고 탄력성이 있어서입니다. 다른 금속은 흉내 낼 수 없는 이런 성질 때문에 초탄성 합금이라고도 부릅니다.

● 형상 기억 합금의 이용 사례

우리 가까이에 있는 물건 중에 형상 기억 합금을 이용한 사례를 살펴보겠습니다.

· 안경

안경테의 코다리나 안경다리 부분에 사용하면 부드럽고 모양이 잘 무너지지 않고 변형되어도 원래대로 되돌아갑니다. 가벼워서 쾌적하게 잘 맞는 느낌이 지속됩니다.

· 치열 교정

치열이 들쭉날쭉한 경우에 사용합니다. 먼저 가늘고 부드러운 형상 기억 합금 와이어를 사용합니다. 그리고 교정 치료를 진행하면서 굵은 와이어로 바꾸어갑니다.

· 에어컨

바람을 불어내는 부분에 있는 형상 기억 스프링이 바람이 부는 방향을 바꿔줍니다. 온풍일 때는 아래쪽을 향하게 하고 냉풍일 때는 위쪽을 향하도록 조정되고 있습니다.

· 커피 메이커

증기에 반응하는 스프링의 형상 기억 효과에 따라 뜨거운 물이 흘러가는 부분의 뚜껑이 열립니다. 물이 충분히 끓고 나서 커피 드립이 시작되는 것입니다.

· 전기밥솥

압력 밸브의 형상 기억 스프링이 취사 중의 증기에 반응해서 압력 밸브를 엽니다. 증기의 배출에 따라 전기밥솥 안의 압력을 조정합니다. 밥이 다 지어져서 증기 배출의 기세가 약해지면 이번에는 보온을 위해 압력 밸브가 닫힙니다.

· **화재경보기**

화재가 일어났을 때 형상 기억 합금의 센서가 열을 감지합니다. 그리고 스프링클러 헤드 부분의 센서에도 형상 기억 합금이 쓰입니다. 이것은 일정 온도 이상이 되었을 때 작동하도록 설정되어 있습니다.

34

형태 안정 셔츠와 평범한 셔츠는
무엇이 다를까?

와이셔츠를 다림질하는 건 꽤 귀찮은 일입니다. 그런데 형태 안정 셔츠는 다림질을 않고 입을 수 있는 옷이라서 편리합니다. 최근에 점점 진화하는 섬유의 구조를 살펴봅시다.

● 형태 안정 셔츠의 특징

세탁에도 주름이 생기거나 줄어들지 않고 다림질도 필요 없는 '주름 방지, 방축 가공'이 된 셔츠를 형태 안정 셔츠라고 합니다.

1993년에 일본에서 처음으로 발매된 형태 안정 셔츠는 형상 기억 가공(SSP : Super Soft Peach Phase Finish)이라는 가공법으로 형태를 안정시킨 제품입니다.[59]

지금은 '형태 안정', '형상 기억', '다림질 필요 없음(Non Iron)', '이지 케어(Easy Care)' 등으로 부르는 것을 뭉뚱그려 형태 안정이라고 합니다. 각각 다른 가공 특징에 따라 효과나 가격도 다르기에 필요한 상황에 맞춰 적당한 제품을 선택하면 됩니다.

	특징	지속성	주름
형태 안정	원단을 스팀으로 가공	세탁 50번 정도	생기기 어렵다
형상 기억	부분적인 주름을 고정	반영구	↕
다림질 필요 없음	가공 천연 소재를 사용	소재에 따라 다르다	
이지 케어	오염 방지와 주름 방지 같은 손질을 간략화	소재에 따라 다르다	생기기 쉽다

---

59) 형상 기억 가공법(SSP)은 원단을 액체 암모니아와 수지로 가공해서 봉제하고 그 후 고온으로 열처리(post cure process)해서 형태를 안정화시킵니다.

● 형태 안정 셔츠의 구조

평범한 면섬유는 작고 가느다란 분자끼리 약하게 결합해서 섬유 형태를 유지하고 있습니다. 그래서 세탁 등으로 물을 흡수하면 분자의 결합이 풀어져서 분자가 제각각 떨어지게 됩니다. 주름이 진 상태로 건조하면 그 형태로 분자가 다시 결합해서 고정되기 때문에 주름이 남습니다.

한편 형태 안정 가공 섬유는 분자끼리 확실히 결합해서 주름을 방지하고 있습니다. 약품에 따라 분자 사이에 다리를 이어주는 듯한 화학 반응을 일어나게 합니다. [60]그리고 형태 안정 가공에는 줄어들지

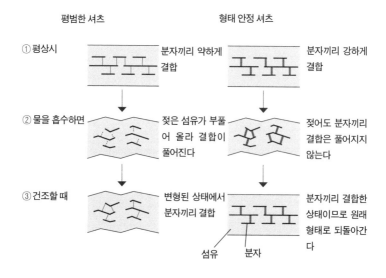

64) 이 화학 반응을 '가교 결합'이라고 합니다.

않게 하는 효과도 있고 또한 주름을 내서 가공하면 그 형태도 유지된다는 특징도 있습니다.[61]

● 다양한 섬유의 개발

1883년, 영국에서 니트로셀룰로오스 섬유가 만들어졌고 인조견사라고 이름을 붙였습니다. 이제까지 인류가 몇천 년 동안 착용했던 천연 섬유와 다른, 화학 섬유의 탄생입니다.

1938년에는 미국의 화학 회사에서 나일론이 발명되었습니다.[66] 당시 나일론은 '석탄과 공기와 물로 만든, 거미줄보다 가늘고 강철보다 강하고 견보다도 아름다운 섬유'라는 말을 들으며 꿈의 섬유로 이용되었습니다.

게다가 다른 섬유를 조합하는 기술이 개발되고 다양한 가공 기술도 발달했습니다. 플리츠 가공이나 앞서 소개했던 형태 안정 셔츠의 등장, 흡습, 발열, 방습, 소취, 정전기 방지 등 다양한 특징이 있는 기능성 신소재 섬유도 우리 가까이에 늘어나고 있습니다.

___

60) 최근 대부분 와이셔츠는 형태 안정 가공이 되어 있습니다. 와이셔츠 외에도 블라우스나 작업복, 모자, 손수건 등에도 널리 이용되고 있습니다.
61) 나일론은 합성 섬유의 하나로 폴리아미드 합성수지 종류입니다. 개발한 곳은 미국 듀폰 사입니다. 견과 비슷한 소재로, 폴리에스테르와 비교해서 흡수성이 높다는 특징이 있습니다.

● 혼방 섬유 탐구

의류에 붙어 있는 품질 표시 태그를 보면 '면 70퍼센트 · 폴리에스테르[62] 30퍼센트' 등으로 쓰인 것이 있습니다. 이것을 혼방 섬유라고 합니다. 다른 섬유를 조합함으로써 각각의 특징을 살린 원단이 만들어집니다. 그중에서도 많은 것이 '면과 폴리에스테르', '양모와 아크릴' 등 천연 섬유와 화학 섬유의 조합입니다.

면과 폴리에스테르

〈면〉	흡수성이 높다 + 주름이 생기기 쉽다
〈폴리에스테르〉	흡수성이 없다 + 주름이 생기기 어렵다
〈면 + 폴리에스테르〉	흡수성이 높다 + 주름이 생기기 어렵다

양모와 아크릴

〈양모〉	보온성이 높다 + 가격이 높다
〈아크릴〉	내구성이 높다 + 가격이 싸다
〈양모 + 아크릴〉	보온성이 높다 + 내구성이 높다 + 가격이 싸다

---

62) 폴리에스테르는 합성 섬유의 하나로 생산량이 가장 많은 화학 섬유입니다. 양모의 대용품으로 개발되어 내구성이 높은 것이 특징입니다.

● 겉 실과 속 실이 다른 섬유

겉 실과 속 실이 각각 천연 섬유와 화학 섬유로 만들어진 소재의 옷도 늘어나고 있습니다.

속 실로 나일론, 폴리에스테르, 폴리우레탄[63] 등 화학 섬유가 사용되는 경우에는 품질 표시 태그에 '겉 실 견 100퍼센트', '속 실 면 100퍼센트', '섬유 혼용률 70~85퍼센트' 등이라고 쓰여 있습니다.

겉 실이 폴리에스테르, 속 실이 면인 경우의 장점은 '가볍다 · 빨리 마른다 · 잘 줄어들지 않는다 · 색깔이 잘 빠지지 않는다 · 땀 흡수성이 좋다 · 피부에 닿는 면의 감촉이 좋다' 등이 있습니다. 단점은 '다른 소재에 비해서 원단의 생산 공정이 많기에 값이 비싸다' 라는 것이 있습니다.

---

63) 폴리우레탄은 합성 섬유의 하나로 고무처럼 신축성이 높다는 특징이 있습니다. 다른 섬유와 조합해서 사용되는 일이 많습니다.

35

정전기는 옷의 조합에 따라
줄어든다고?

겨울이 되면 괴로운 것이 '치지직' 일어나는 정전기입니다. 이 정전
기는 옷의 조합에 따라 일어나기 쉽거나 줄어들 수 있습니다. 섬유의
특징과 함께 살펴봅시다.

● 섬유의 약 40퍼센트는 '면'

섬유는 천연 섬유와 화학 섬유로 나눌 수 있습니다. 그리고 좀 더 세분하면 '식물 섬유', '동물 섬유', '재생 섬유', '반합성 섬유', '합성 섬유', 다섯 종류로 분류할 수 있습니다.

식물 섬유의 하나인 면은 목화의 종자에서 피어난 목화솜으로 만드는데 인류는 5000년 이상 전부터 사용하고 있습니다. 속옷, 티셔츠, 니트, 청바지, 면바지 등 일본의 의류용 섬유는 약 40퍼센트가 면으로 되었습니다. 평소에 자주 사용하는 친근한 면이지만 장점도 있고 단점도 있습니다.

섬유의 종류

천연 섬유	식물 섬유	식물의 열매나 줄기로 만든다	면, 마 등
	동물 섬유	동물의 털이나 누에고치로 만든다	양모, 견 등
화학 섬유	재생 섬유	목재 펄프나 페트병 등 화학 처리해서 만든다	레이온, 큐프라 등
	반합성 섬유	재생 섬유나 합성 섬유의 중간적인 셀룰로이스 등 고분자 물질을 화학 처리해서 만든다	트리아세테이트, 아세테이트 등
	합성 섬유	석유나 석탄 등 과학적으로 합성해서 만든다	폴리에스테르, 폴리우레탄, 나일론 등

● 면의 장단점

면의 장점은 '땀의 흡수성이 뛰어나다', '정전기가 일어나기 어렵다', '피부에 닿는 감촉이 부드럽다', '여름에는 시원하고 겨울에는 따뜻하다'라는 것을 들 수 있습니다. 반면 '땀을 흘렸을 때 잘 마르지 않는다', '면은 세탁을 반복하면 뻣뻣해진다'라는 단점은 위생이나 스트레스 측면에서 면이 몸에 안 좋은 경우입니다.

예를 들어 스포츠나 등산 등을 할 때 입는 옷에서 중요한 것은 땀을 흡수하는 성질과 땀이 빨리 마르는 성질입니다. 땀을 잔뜩 흘리면 체온을 뺏겨서 저체온증을 일으키는 원인이 될 뿐만 아니라 끈적끈적한 불쾌감은 정신적인 피폐로 이어집니다. 그런 점에서 볼 때 면으로 만든 옷은 '땀의 흡수성이 뛰어나다'라는 부분은 장점이지만 '땀이 잘 마르지 않는다'는 단점도 있습니다.

그리고 피부가 약한 사람이나 피부염 같은 염증이 있는 사람에게는 면의 '땀이 잘 마르지 않는다'라는 단점 때문에 세균이 증식하는 등 비위생적인 환경을 만들고 피부염의 원인이나 악화로 이어질 가능성도 있습니다. 그리고 '면은 세탁을 반복하면 뻣뻣해진다'라는 단점 때문에 피부에 닿는 감촉이나 피부에 대한 자극도 걱정됩니다.

● 정전기와 옷의 조합

겨울에는 정전기가 불쾌하고 성가시게 느껴집니다. 섬유끼리 서로 스치면서 생기는 정전기는 그 전기량이 3천~3만 볼트나 됩니다.

주유소에서 기름을 넣을 때 기화한 휘발유 정전기 때문에 불이 붙을 가능성도 있습니다.

겨울에 정전기가 자주 발생하는 원인은 공기가 건조하고 몸에 쌓여 있던 전기가 도망가기 어렵기 때문입니다.

천연 섬유는 전기가 잘 통하기 때문에 화학 섬유보다 정전기가 잘 일어나지 않습니다. 하지만 천연 섬유인 울스웨터를 화학 섬유인 아크릴이나 폴리에스테르 등의 옷과 겹쳐 입으면 정전기가 가장 잘 일어나는 조합이 되어버립니다.

정전기를 막기 위해서는 '천연소재와 조합한다', 같은 '전기적인 성질의 소재를 조합한다'라는 것이 필요합니다.

예를 들어 겨울에 빠질 수 없는 울(+)은 천연 소재(+)인 소재와 조합하면 정전기 방지와 동시에 피부에 닿는 까끌까끌한 느낌도 방지할 수 있습니다.

그리고 폴리에스테르(-)인 플리스와 면(+) 셔츠는 마이너스와 플러스의 조합이지만 면(+)은 전기를 띠기 어려워 정전기 발생을 억제할 수 있습니다.

'전기를 띠기 쉬움'은 섬유의 종류에 따라 다르다

- -에 전기를 띠기 쉬운 섬유
- +에 전기를 띠기 쉬운 섬유
- 전기를 띠기 어렵다
- 아크릴 폴리에스테르 아세테이트   마 면 견   레이온 울 나일론

36

일회용 손난로의
발열 원리는 무엇일까?

추운 계절에 크게 활약하는 것이 일회용 손난로입니다. 전기도 가스도 불도 사용하지 않고 비닐 봉투에서 꺼내기만 해도 오랜 시간 따끈따끈한 손난로는 어떤 원리로 열을 내는 걸까요?

● 손난로의 대 히트

철 가루가 주성분인 지금의 일회용 손난로는 원래 1950년대 한국 전쟁 때 미군이 수통을 손난로로 삼은 것이 기원입니다. 추운 겨울에 꽁꽁 언 발 등을 따뜻하게 하려고 수통에 철 가루와 소금과 물을 넣고 거기서 화학 반응으로 생기는 열을 이용한 것입니다.

이것을 참고로 1975년에 일본에서 철 가루 등을 사용한 손난로가 발매되었습니다. 하지만 그 손난로는 별로 팔리지 않았습니다. 세상에 일회용 손난로가 정착한 것은 1978년에 '호카론'이란 이름의 상품이 판매되고 나서입니다.

● 화학 반응이 일어나서 녹이 슨다

일회용 손난로는 비닐 봉투를 뜯으면 따뜻해집니다. 그런데 도대체 어떤 원리로 일회용 손난로에서 열이 나는 걸까요?

성분 표시를 살펴보면 철 가루, 소금, 활성탄이 눈에 들어옵니다. 제조업체에 따라서는 다소 차이가 있지만 철 가루와 소금은 공통으로 들어갑니다.

일회용 손난로의 주성분은 철 가루입니다. 다 쓴 일회용 손난로를 살펴보면 원래 새까맸던 철 가루가 붉게 변해버린 것을 알 수 있습니다. 철 가루가 산소, 물과 결합해서 녹이 슨 것입니다.

이 화학 반응은 종종 철과 산소가 결합해서 산화철이 된다고 하는 데 실제로는 그렇게 단순하지 않습니다. 사실은 굉장히 복잡한 화학 반응이 일어나고 있고 철과 산소와 물이 결합한 것입니다.

일회용 손난로에서 열이 나는 원리

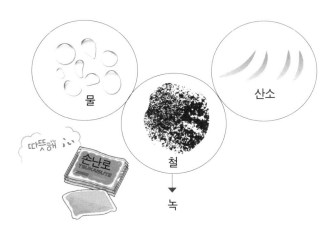

화학 반응을 위한 산소는 공기 중의 산소를 이용합니다. 일회용 손난로 바깥쪽 비닐 봉투는 대기 중의 산소가 통과를 못 하게 되어 있습니다. 그 비닐 봉투를 뜯으면 그 안에 작은 구멍이 잔뜩 뚫려 있는 봉지가 들어 있습니다. 작은 구멍은 공기 중의 산소를 빨아들이려고 뚫려 있습니다. 봉지 안에는 철 가루와 물(식염수)이 함께 들어 있는데 그곳에 산소도 더해지면 화학 반응이 진행되어 녹이 슬고[64] 열이 납니다.

---

64) 주로 옥시 수산화철(FeOOH)입니다.

● 철의 '붉은 녹'과 '검정 녹'이란?

일회용 손난로에는 주로 철의 붉은 녹이 생깁니다. 그렇다면 지금부터 철의 녹에 대해 살펴보겠습니다.

철의 녹은 크게 나누어서 붉은 녹과 검은 녹이 있습니다.

붉은 녹에는 공기 중에 있는 산소와 수분이 크게 관련되어 있습니다.

붉은 녹은 철과 공기 중의 산소와 수분이 반응해 생겨서 버석버석합니다. 녹이 이렇게 버석버석한 경우 금속 표면에 생긴 녹을 통해 내부까지 공기와 수분이 닿게 됩니다. 그래서 녹이 내부까지 진행되고 결국 내부에 너덜너덜 녹이 슬게 되는 것입니다. 특히 식염수와 바닷물 안에 있는 염화물 이온, 즉 이온이 된 염소가 버석버석한 형태가 되는 작용을 합니다. 그래서 식염수에 담근 못이나 바닷가 근처 지역의 자동차는 붉은 녹이 생기기 쉬워집니다.

그런데 검은 녹은 붉은 녹과 굉장히 다른 부분이 있습니다.

철을 공기 중에서 아주 뜨겁게 열을 가하면 표면에 검은 녹이 생깁니다. 검은 녹은 붉은 녹과 달리 버석버석하지 않습니다. 굉장히 꽉꽉 채운 결이 고운 녹입니다. 철판이나 철 프라이팬의 밑바닥은 이 검은 녹으로 뒤덮여 있습니다.

표면이 꽉꽉 검은 녹으로 채워져 있어서 더는 공기 중의 산소가 철과 닿지 않게 됩니다. 검은 녹이 표면을 막으로 덮어서 내부를 보호하고 있기 때문입니다.

만약에 일회용 손난로에서 철과 산소의 작용으로 산화철이 되는 화학 반응이 일어난다고 한다면 그것은 검은 녹이기 때문에 화학 반응이 바로 멈춰버리게 됩니다. 일회용 손난로에서는 주로 붉은 녹이 생기는 화학 반응이 진행되는 것입니다.

예를 들어 철 수세미에 식염수를 뿌려놓으면 붉은 녹이 생기는데 여기에 불을 붙이고 나서 숨을 강하게 불며 불에 태우면 검은 녹으로 변해버립니다.

● 사철도 이미 녹슬어 있는 상태다

자석을 모래 속에 넣으면 자석에 달라붙는 가루가 바로 '사철'입니다. 사철은 철 가루가 아니라 이미 녹슨 상태의 물질입니다.

만약에 철 가루라면 산소나 물이 있으면 녹이 슬 것입니다. 하지만 모래밭에 있는 사철은 공기와 물에 닿아도 녹이 슬지 않고 그대로 있습니다. 말하자면 사철은 붉은 녹이 아니라 검은 녹과 같다고 할 수 있습니다.

● 저온 화상에 주의한다

저온 화상은 체온보다 조금 높은 온도($44℃$~$50℃$)에 장시간 계속 접촉해서 발생하는 화상입니다. 피부에 홍반이나 수포 등의 증상이

일어납니다. [65)]

저온 화상을 막기 위해서는 일회용 손난로를 직접 피부에 대고 사용하지 않아야 합니다. 속옷 등의 위에 일회용 손난로를 붙이든지 손수건 같은 것에 감싸서 사용하는 대책이 필요합니다. 너무 뜨겁다고 느낀다면 손난로를 바로 떼는 것이 좋습니다.

그리고 잠을 잘 때는 이상 증상을 느끼기 어려워 일회용 손난로를 사용하지 않는 것이 좋습니다. 이불 속에서 사용하면 일회용 손난로에 열이 모여 고온인 경우도 있어서 위험합니다.

---

65) 접촉 부분의 온도가 44℃라면 약 6시간 만에 저온 화상을 입습니다. 장시간 열원에 접촉함으로써 생기는 화상이기 때문에 손상이 표피보다 깊은 부분에 도달할 때도 많아서 주의할 필요가 있습니다.

37

바로 따뜻해지는 발열 도시락의
원리는 무엇일까?

끈을 잡아당기면 슈우웃 하는 소리와 함께 따뜻해지는 일본의 역에
서 파는 발열 도시락이 있습니다. 가스도 전기도 사용하지 않았는데
어떻게 도시락이 데워질까요?

● 꽤 많은 발열 도시락

일본 철도 역에서 파는 도시락 중에 '발열 도시락'이라는 종류가 있습니다. 도시락 끝에 튀어나온 끈을 잡아당기면 바로 슈우웃 하는 소리와 함께 증기가 나와서 따뜻하게 데워지는 도시락입니다. 5~10분 정도 기다렸다가 뚜껑을 열면 안쪽 종이에 아주 엷게 증기가 붙어 있습니다. 마치 막 만든 따끈따끈한 도시락처럼 완성되는 것입니다.

발열 도시락에는 다음과 같이 여러 가지 종류가 있습니다.

'따끈따끈한 닭고기 밥(겨울 한정 상품)'	'이와테산 소불고기 도시락'
'커다란 가리비와 소 혀 요리 도시락'	'홋카이도산 치즈 돼지고기 덮밥'
'최상의 후지미야 볶음 우동 도시락'	'엄선 숯불구이 소 혀 도시락'
'센다이 소 혀 덮밥 도시락'	'이다치 돼지고기 덮밥'
'키조개와 돼지고기 도시락'	'이와테 소고기 밥'
'소고기덮밥(가열식)'	'성게 알 밥'
'꽃게 덮밥'	'숯불구이 소 혀'
'W 맛있는 갈비 덮밥'	'소고기 도시락'
'소고기 혀 덮밥'	'파워 업 전골 도시락'
'따끈따끈한 돗도리 소고기 도시락'	모두 19 종류 (2018년 3월 현재)

역에서 파는 도시락 외에도 만두 도시락, 용기 아래쪽을 누르기만 해도 간편하게 술을 데울 수 있는 기능이 달린 일본 술도 있습니다.

● 발열 장치에 비밀이 있다

일본 역에서 파는 가열식 도시락 밑에는 '발열 장치'가 있습니다. 예전에 만든 도시락은 발열 장치가 쉽게 분리되는 단점이 있었습니다. 그래서 요즘에는 안정성을 좀 더 높이기 위해 발열 장치와 내용물을 담는 용기를 일체화시켜서 쉽게 발열 장치가 분리되지 않게 연구하고 있는 듯합니다. 아주 고온으로 오르고 강한 알칼리성 물질이기 때문에 눈에 튀기라도 하면 큰일입니다.

발열 장치 안에는 흰색 가루와 물주머니가 들어 있습니다. 끈을 잡아당기면 물주머니가 터져서 물과 흰색 가루가 함께 뒤섞여서 격렬한 화학 반응이 일어나서 발열합니다.

흰색 가루는 산화칼슘(생석회)이라는 물질입니다.

산화칼슘과 물이 화학 반응을 일으키면 열을 내면서 수산화칼슘(소석회)[66]이 됩니다. 이런 과정으로 역에서 파는 도시락이 따뜻해지는 것입니다.

물 + 산화칼슘(생석회) ⟶ 수산화칼슘(소석회) + 열

---

66) 수산화칼슘(소석회)의 수용액이 석탄수입니다. 석회수에 이 산화탄소를 투입하면 하얀 침전물이 생깁니다. 이 침전물은 석회석과 같은 탄산칼슘입니다. 참고로 학교 운동장에서 흰 색 선을 그릴 때 쓰는 '석회'는 예전에는 소석회가 사용되었습니다. 하지만 강한 알칼리성으로 까진 상처 등에 들어가면 위험해 최근에는 탄산칼슘 가루를 사용합니다.

● 건조제에도 사용된다

산화칼슘(생석회)은 식품용 건조제로 사용되고 있습니다. 전병이나 김 봉투 등에 '먹지 마시오'라는 경고 문구가 쓰인 건조제 봉지를 본 적이 있을 것입니다.

건조제는 흰색 가루인 산화칼슘, 즉 생석회와 구슬 모양의 실리카겔이 있습니다.

그런데 건조제 봉투에는 '먹지 마시오'라는 경고 문구가 쓰여있습니다. 만약에 건조제를 먹으면 어떻게 될까요?

실리카겔은 무미, 무취이고 먹어도 아무런 해가 없습니다.

하지만 산화칼슘은 수분을 흡수하지 않으면 입안의 수분과 반응해서 열을 내게 합니다. 입안이 '화르르' 하고 뜨거워집니다. 화상을 입게 될지도 모릅니다. 수분과 반응해서 생긴 수산화칼슘은 강한 알칼리성을 보여 입안이 짓무르게 될 가능성도 있습니다. 입뿐만 아니라 피부나 옷에 묻히거나 눈에 들어가지 않도록 주의하세요.

● 건조제와는 역할이 다른 탈산소제

식품 보존용으로 쓰이는 건조제 이외에 탈산소제가 있습니다.

탈산소제는 이름 그대로 공기 중의 산소를 흡수해서 산소를 없애는 역할을 합니다. 식품은 산소가 있으면 산화되어 품질이 떨어집니다. 그리고 산소가 없으면 진드기나 곰팡이가 생기지 않습니다.

탈산소제를 넣음으로써 산소를 0.1퍼센트 이하까지 떨어뜨릴 수 있어서 탈산소제를 사용하면 진공 팩을 사용하지 않아도 보존 기간을 길게 할 수 있습니다.

건조제는 수분을 포함하면 품질이 떨어지는 상품, 예를 들어 전병이나 쿠키처럼 바삭바삭, 사각사각한 식감의 식품에 사용합니다. 탈산소제는 수분을 많이 포함한 식품, 식감이 촉촉한 식품의 산화나 곰팡이 발생을 방지하기 위해 사용합니다.

전병 등에는 건조제

부드러운 양과자 등에는 탈산소제

탈산소제는 자그마한 철 가루를 이용하는 것이 일반적입니다. 일회용 손난로와 마찬가지로 철이 산소와 물을 흡수해서 화학 반응을 일으켜서 녹이 스는 것을 이용하고 있습니다. 물은 식품에서 나오는 습기를 이용하는 방법과 탈산소제에 필요한 물을 포함하는 방법이 있습니다.

38

왜 우리 주위에는
유리 제품이 많을까?

집 안은 물론 길거리나 교통기관, 그리고 디지털 기기까지 유리가 폭넓게 사용되고 있습니다. 우리 생활과 떼려야 뗄 수 없는 다양한 유리 제품에 대해 살펴봅시다.

● 유리의 특징

인류는 아주 옛날 유리를 발견하고 나서 지금에 이르기까지 모든 곳에서 유리와 함께 생활하고 있습니다.[67] 유리가 이렇게 폭넓게 사용되는 데에는 두 가지 커다란 이유가 있습니다. 그 특징은 유리가 '투명하다'라는 것과 '성형하기 쉽다'라는 것입니다.

애초에 물체가 빛을 통과해서 '투명하다'라는 것은 희귀한 일입니다. 빛을 흡수하거나 산란시키지 않는 것이 조건이기 때문입니다. 유리와 마찬가지로 빛을 통과하는 재료는 단결정(single crystal)과 특수한 세라믹뿐이지만 그중에서도 유리는 값이 싸고 대량 생산이 가능하여 폭넓게 이용되고 있습니다. 그런데 왜 유리가 투명하게 보이는가는 엄밀히 말해서 아직 밝혀지지 않았습니다.

두 번째 커다란 특징은 '성형하기 쉽다'라는 것입니다.

몇백 도의 열을 가하면 유리는 부드러워지고, 식히면 단단해져서 다양한 모양으로 성형이 가능합니다.

---

67) 선사시대부터 천연 유리인 흑요석을 화살촉이나 칼로 사용했습니다. 흑요석은 마그마
  가 물에 급랭되어 만들어진 것입니다. 인류가 유리를 만들게 되었던 것은 기원전 몇천
  년 무렵으로 추정되지만 정확하지는 않습니다.

● 유리의 재료는 우리 가까이에 있는 것

유리는 돌과 모래 사이에 있는 재료에서 골라내서 만들 수 있습니다. 모두 우리 주변에 있는 재료입니다.

주로 사용하는 것은 규소 · 탄산나트륨(소다회) · 탄산칼슘(석회석)입니다. 규소는 모래밭 등에서 모래를 잘 살펴보면 발견할 수 있는 반짝반짝 빛나는 투명한 물질이라서 규소를 본 적이 있는 사람도 많을 것입니다. 규소, 탄산나트륨, 탄산칼슘을 이용해서 고온으로 흐물흐물 녹이고 그것을 늘여서 유리를 만듭니다.

창유리나 유리병에 이용되는 가장 일반적인 유리가 소다 석회 유리로 규소, 탄산나트륨, 탄산칼슘으로 만듭니다. 여기에 다양한 재료를 조합해서 색깔을 입히거나 재질을 강화합니다.

분유리

기원전 1세기 무렵에 발명된 유리 성형기법으로 금속
파이프 끝에 녹인 유리를 칭칭 감아서 숨을 불어 넣어
부풀어 오르게 합니다.
대량 생산이 가능한 혁명적 기법으로 오늘날에도 유리
의 기본적인 성형기법입니다.

● 열에 강한 '내열 유리'

유리는 열을 가하면 팽창하고, 식히면 수축합니다. 그래서 유리를 급격하게 뜨겁게 하거나 차갑게 하면 파손되기도 합니다.

유리가 열 때문에 깨지는 것은 일부에 가해진 열로 온도가 상승해서 팽창하고 아직 열이 다 전달되지 않은 차가운 부분이 일그러져서 일어납니다. 그러니까 유리가 열에 약한 이유는 '열이 전달되기 어렵기 때문'입니다. 유리는 열전도율이 아주 낮습니다. 그리고 '온도에 따라 열팽창률에 차이가 있다'라는 점이 원인입니다. [68]

이 팽창과 수축 정도를 작게 만든 것이 '내열 유리'입니다. 탄산나트륨 대신에 붕산을 이용해서 붕규산염 유리를 만들어 온도를 올려도 열 팽창률을 커지지 않게 합니다.[69] 이렇게 해서 고온에 강하고 전자레인지나 오븐에서 조리가 가능한 유리가 보급되었습니다.

● 파편이 사방으로 튀지 않는 '합판 유리'

자동차 앞 유리로는 커다란 유리가 사용되고 있습니다. 이 유리는 상당히 튼튼하고 충격으로 깨져도 파편이 사방으로 잘 튀지 않습니다. 대부분 빠지지 않고 금이 가기만 합니다.

이런 유리가 튼튼한 이유는 두 장 이상의 유리로 투명하고 유연한

---

68) 유리의 열전도율을 크게 만드는 것이 가능하면 열이 재빨리 전체에 전달될 수 있지만, 유리의 열전도율을 높이는 것은 재질의 성질상 거의 불가능합니다. 그래서 내열성을 갖게 하는 방법으로 열을 가해도 열팽창률은 거의 커지지 않는 재질로 만드는 것입니다.

69) 이렇게 하면 단단하고 열에 강하고(약 820도에서 부드러워지는), 약품에도 강하고 온도에 따른 뒤틀림이 적은 유리가 됩니다. 또한, 붕산은 초등학교 과학 시간에 만드는 '슬라임'의 원료이기도 합니다.

플라스틱 필름을 사이에 끼워서 접착한 '합판 유리'라서 그렇습니다. 합판 유리는 파손되어도 파편이 플라스틱 필름에 달라붙어 있는 상태로, 자잘한 파편이 사방팔방 튀는 일은 없습니다. 그리고 이 플라스틱 필름이 있어서 합판 유리에는 아무리 뭔가에 세게 부딪혀도 물체가 관통하는 일은 거의 없습니다.

플라스틱 필름에 자외선을 방지하는 기능도 추가할 수 있어서 건축 재료로써 널리 이용합니다.

● 깨지면 작은 알갱이가 되는 '강화 유리'

평범한 판유리의 판을 약 700도까지 열을 가해서 부드러워지게 만든 후 급격히 식혀서 만든 것이 '강화 유리'입니다. 급격히 식힘으로써 표면이 압축되고 강화되어, 강도가 평범한 판유리의 3~5배나 됩니다. 강화 유리가 깨지면 유리 파편이 지름 3~4밀리미터의 작은 알갱이가 되어 예리한 모서리가 없어서 크게 상처를 입는 위험이 줄어들게 됩니다. 온도 변화에도 강하고 170도 정도까지 견딜 수 있습니다.

자동차에는 자동차 문과 뒤쪽 유리에 이 강화 유리를 사용합니다. 그리고 학교 등 많은 사람이 모이는 장소에 있는 창문이나 유리 제품에도 강화 유리가 종종 이용됩니다.

● 열을 전달하기 어렵게 하는 '단열 유리'

유리는 열을 통과하기 쉬운 소재로 종이보다 약 20배는 더 열을 잘 전달합니다. [71] 유리문보다는 종이를 붙인 장지 쪽이 열을 통과하기 훨씬 어려워 예전부터 일본 가옥은 그런 성질을 이용해서 장지문을 많이 썼습니다.

열을 전달하기 어렵게 하는 '단열 유리'는 유리를 이중으로 하고, 그 사이에 열을 통과하기 어렵게 하는 물질을 끼워서 만드는 경우가 많습니다. 그리고 그 빈 공기층에 건조 공기를 주입하고 주변에서 습기가 들어가지 않게 하는 결로 방지 유리도 있습니다. 이런 유리를 '복층 유리'라고 합니다.

---

71) '열전도율'은 단위의 두께 당 열이 전달되기 쉬운 정도를 말합니다.

39

눈에 보이지 않는
인체 감지 센서는
어떻게 사람을 탐지하는 걸까?

사람이 오면 자동으로 전깃불이 켜지거나 문이 열리거나 하는 편리
한 기능이 여기저기 도입되고 있습니다. 이렇게 사람의 접근이나 위
치를 감지하는 센서는 어떤 원리로 되어 있을까요?

● 눈에 보이지 않는 빛을 감지하는 데 성공

1800년 무렵 윌리엄 허셜이라는 사람이 적외선의 존재를 증명하는 실험을 하였습니다. 실험은 태양 빛을 프리즘[72]에 통과시켜 가시광선의 빛을 분해한 스펙트럼 적색광을 초월한 위치에 수은 온도계를 두는 것입니다. 수은 온도계 온도는 상승했기 때문에 윌리엄 허셜은 적색광의 앞쪽에도 눈에 보이지 않는 빛, 즉 태양의 적외선 방사가 존재하는 것을 발견했습니다. 이때 사용한 수은 온도계가 가장 원시적인 적외선 센서라는 것입니다.

빛의 파장

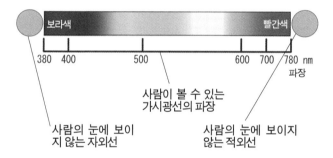

---

72) 프리즘은 유리나 수정 등 투명체로 만든 다각 기둥으로 삼각기둥 모양이 일반적입니다. 빛을 굴절, 분산, 전반사 등을 시키는 성질이 있고 광선의 방향을 바꾸거나 빛의 스펙트럼 분석, 굴절률의 측정 등에 이용됩니다.

● 왜 적외선 센서가 이용될까?

그렇다면 가시광선 등이 아니라 적외선을 이용하는 이유는 뭘까요? 그것은 적외선이 가시광선보다 파장이 길고, 산란하기 어려워 연기나 얇은 커튼 등이 있어도 물체를 감지할 수 있기 때문입니다. 눈에 보이지 않는 빛이기 때문에 경비 용도나 야생동물 등의 관찰, 연구 등에도 폭넓게 활용되고 있습니다.

그리고 모든 물체는 열을 갖고 있어서 그 온도에 맞는 적외선을 내보내고 있습니다. 그 온도를 탐지하는 것이 서모그래피 (thermography)입니다.

서모그래피로 온도를 탐지

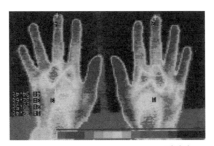

이미지

● 두 종류 있는 적외선 센서

지금까지 적외선을 감지하는 센서 유형을 소개했는데 이번에는 실제로 사람을 감지하는 적외선 센서에 대해 생각해봅시다. 그 원리에 따라 두 가지 유형으로 나눌 수 있습니다.

234

· **능동형 센서**(active sensor)

센서의 '투광기'에서 적외선을 내보내고 사람 등 대상물에 닿았다가 반사된 적외선을 '수광기' 부분에서 검출하는 방법입니다.

적외선을 차단함으로써 감지한다   적외선의 반사로 감지한다

· **수동형 센서**(passive sensor)

사람이나 물체에서 발생하는 미약한 적외선을 높은 정밀도의 센서로 파악합니다. 이런 유형의 센서는 천장에서 종종 볼 수 있는 둥근 물체 안에 들어 있습니다.

● 화장실에는 많은 센서가 있다

집 안뿐만 아니라 다양한 곳에서 적외선 센서가 이용되고 있습니다. 조명, 전구, 에어컨, 선풍기, 자동청소기 같은 가전제품, 인터폰, 벨, 감시 카메라, 방범 카메라, 자동문, 자동 수도꼭지, 자동 핸드 드라이기 등 여러 종류의 센서가 있습니다.

특히 일본의 화장실에는 많은 적외선 센서가 이용되고 있습니다. 변기가 자동으로 열리거나 세면대에서 손을 씻을 때 자동으로 물이 나오거나 핸드 드라이기에 손을 대면 자동으로 건조가 됩니다.

최근에는 개인 화장실 자체에도 센서가 붙어 있습니다. 사람이 있는가 없는가를 감지해서 일정 시간 이상 같은 사람이 화장실 안에 들어가 있는 상태일 때 통보하는 기능입니다. 이런 센서는 병원이나 요양 시설 등에 이용되고 있습니다. 화장실 안에는 감시 카메라를 달기 어려워 많은 센서가 이용되고 있습니다.

제**6**장

'일상생활'에 넘쳐나는 과학

40

가스 냄새와 스컹크의 방귀는 주성분이 같을까?

가정에서 사용되는 연료용 가스에는 도시가스와 프로판가스가 있습니다. 가스가 새면 금방 '가스 냄새가 난다'라고 알 수 있듯이 냄새가 따라옵니다. 이 냄새의 성분은 무엇일까요?

● 가스 냄새는 일부러 주입한 것

가정에서 조리나 난방에 사용하는 것은 주로 메탄가스(천연가스의 주성분)나 프로판가스입니다. 도시가스는 주로 메탄가스입니다. 도시가스가 공급되지 않는 지역은 액화한 프로판가스통을 집마다 갖춰 놓고 사용합니다.

메탄가스도 프로판가스도 원래 냄새가 없는 기체입니다. 그래서 그 상태에서는 가스가 새도 알아차리기 어려워 일부러 미량의 냄새가 강한 물질을 섞는 것입니다. 이 취기제는 메르캅탄이라는 종류입니다. '가스 냄새가 난다'라고 느끼는 냄새는 바로 이 메르캅탄 냄새입니다.

메르캅탄에는 여러 가지 종류가 있습니다. 그런데 가스 냄새를 내기 위해 쓰는 것은 에틸 메르캅탄입니다.[73]

그런데 스컹크라는 동물은 굉장히 지독한 악취를 풍기는 것으로 유명합니다. 사실은 이 스컹크 냄새의 주성분도 메르캅탄으로 가스의 냄새와 같습니다. 메르캅탄은 부틸메르캅탄이라는 종류입니다.[74]

---

73) 에탄 C_2H_6라는 분자의 수소 원자 하나를 메르캅토기 SH로 바꾼 물질입니다.
74) 부틸메르캅탄 C_4H_9SH은 휴대용 버너, 가스라이터 등의 연료로 사용되는 부탄 C_4H_{10} 분자의 수소 원자 하나를 메르캅토기 SH로 바꾼 물질입니다.

냄새 성분은 둘 다 메르캅탄

● 가스 누출에 따른 폭발 사고를 방지하려는 방법

도시가스도 프로판가스도 사용법을 착각하면 엄청난 사고로 이어질 수 있습니다. 가스 사고 중에서 가장 무서운 것은 가스 누출로 인한 폭발 사고입니다. 매년 비참한 가스 폭발 사고가 여러 건 보도되고 있습니다.

가스 누출이 되지 않도록 주의하는 것이 중요하지만 만약에 가스 누출이 일어난다면 재빨리 알아차리도록 강한 냄새 물질을 투입한 것입니다.

연료용 가스처럼 불에 타는 가연성 기체는 공기(질소 78퍼센트 + 산소 21퍼센트 + 아르곤가스 등 1퍼센트)와 어떤 비율로 혼합해도 혼합 기체로써 연소하는 일은 없습니다. 혼합 기체만으로 연소를 일으키는 농도의 범위가 있고 그것을 폭발 한계, 즉 연소 한계라고 합니다. 폭발 한계는 연소하는 최소한의 농도에서 최대한의 농도 범위를 나타냅니다. 예를 들어 공기 중에서 수소의 폭발 한계는 체적 비율로 4~75퍼센트로 그 이외일 때는 폭발, 즉 연소하지 않습니다.

도시가스인 메탄가스와 프로판가스의 폭발 한계는 각각 다릅니다. 메탄가스는 5.3~14퍼센트, 프로판가스는 2.1~9.5퍼센트입니다. 이 범위에서 공기 중에 메탄가스나 프로판가스가 포함되어 있을 때 그곳에 불을 붙이면 폭발합니다. 의외로 낮은 농도에서 폭발 한계가 형성되어 있습니다.

● 도시가스와 프로판가스는 가스 경보기 설치 장소가 다르다

가스 누출을 탐지하려고 가스 경보기를 설치할 때 설치 장소에 주의할 점이 있습니다.

메탄가스는 공기보다 가볍고, 프로판가스는 공기보다 무겁습니다. 참고로 '이산화탄소는 공기보다 무겁다'라는 것을 학교에서 배웠는데 프로판가스도 이산화탄소와 비슷한 정도의 무게입니다.

그래서 메탄가스는 누출되었을 때 위쪽으로 모이기 때문에 가스 경보기도 방 위쪽에 설치합니다.

프로판가스는 반대로 공기보다 무거워 가스 경보기는 방 아래 쪽에 설치해야 합니다.

그리고 가스 누출을 알아차렸다면 전기 기구의 스위치를 켜거나 꺼서는 절대로 안 됩니다. 그때 전기 불꽃이 가스에 인화될 위험성이 있기 때문입니다.

● 무서운 가스 사고 일산화탄소 중독

예전에는 도시가스 성분 중에 일산화탄소도 포함되어 있었습니다. 하지만 요즘 도시가스에는 일산화탄소가 포함되어 있지 않습니다.

무서운 것은 불완전연소로 발생하는 일산화탄소 중독[75]입니다. 일산화탄소는 냄새가 전혀 없는 물질입니다. 그래서 가스나 등유를 연소할 때는 환기에 철저히 신경을 써야 합니다.

---

75) 일산화탄소 중독 증상은 처음에는 감기와 비슷해서 쉽게 알아차리지 못합니다. 다음에는 두통, 구토가 일어나고 손발이 마비되어 움직일 수 없게 됩니다. 중증이 되면 인체에 강력한 기능 장애를 일으키거나 의식 불명 상태가 되어 죽음에 이르게 될 때도 있습니다.

41

튀김 기름 화재에는
왜 물을 부어서는 안 될까?

부엌에는 화재의 원인이 되는 것이 많이 있습니다. 화재는 방지하는 것이 가장 좋지만 만약에 일어난다면 상황에 따라 어떻게 대처해야 할지 알아둡시다.

● 화재 원인 3위

화재 원인 1위는 최근 몇 년 동안 방화를 포함한 원인 모를 화재입니다. 그 뒤를 이어 2위는 담배, 그리고 3위는 부엌에서 일어나는 화재입니다.

부엌에서 일어나는 불이라고 해도 원인은 여러 가지가 있습니다. 그중에서 가장 많은 것이 가스레인지를 사용하다가 일어나는 화재입니다. 특히 튀김을 하다가 불이 나는 경우가 가스레인지 사고 원인 중 상위권을 차지하고 있고 한 번 일어나면 어떻게 대처하느냐에 따라서 상황이 더욱 악화할 수도 있으니 주의해야 합니다.

● 기름을 계속 가열하는 경우

튀김을 하다가 일어나는 화재 대부분은 불에서 눈길을 돌린 사이에 발생합니다.

튀김의 적당한 온도는 180℃ 정도이지만 불을 켜둔 상태로 두면 기름 온도가 점점 올라갑니다. 220℃가 넘는 순간 하얀 연기가 보이기 시작합니다. 만약에 하얀 연기가 보인다면 바로 불을 끄고 기름 온도가 내려갈 때까지 잠시 내버려 둬야 합니다. 불을 끄지 않고 기름을 계속 가열하는 경우 300℃가 넘는 순간 불꽃이 일어나는 게 보이고 마침내 기름이 불타오르기 시작합니다. 일단 기름에 불이 붙으면 가스레인지를 꺼도 잦아들지 않습니다.

기름 온도와 상황의 변화

370℃ 불꽃이 없어도 불타오른다
300℃ 불이 보이기 시작한다
220℃ 하얀 연기가 나기 시작한다
180℃ 튀김에 적당한 온도

한편 전자조리기는 온도 설정이 가능하고 불을 직접 사용하는 것이 아니라도 훨씬 안전하다고 생각할지도 모릅니다. 하지만 냄비 바닥이 움푹 들어갔다는 등의 이유로 온도가 바르게 설정되지 않아서 불이 나는 경우도 있으므로 주의해야 합니다.

● 튀김 기름 화재에 물을 부어서는 안 되는 이유

불을 끄는 방법으로 많은 사람이 가장 먼저 떠올리는 행동은 물을 붓는 것일 겁니다. 나무나 종이 등이 불타오르면 확실히 효과적인 행동입니다. 하지만 전기 화재나 기름 화재에는 절대로 물을 부어서는 안 됩니다.

물과 기름은 서로 섞이기 어렵고, 기름은 물 위에 뜹니다. 그래서 기름 화재에 물을 부어서는 절대로 안 됩니다.

이유는 수증기 폭발이 발생할 가능성이 있기 때문입니다. 액체인 물이 수증기가 되면 체적이 100℃에서 약 1700배, 튀김을 하다가 생기는 화재는 그 이상이 되어 위험합니다. 그래서 수증기 폭발이 발생하면 불이 붙은 기름이 사방팔방으로 튀게 됩니다.

튀김을 할 때 기름이 튀는 이유는 식품에 포함된 수분이 단숨에 수증기가 되기 때문에 일어나는 현상입니다. 이렇게 겨우 한 방울의 물에도 기름이 격렬하게 튀는데 더군다나 튀김 기름 화재에 물을 붓는 것은 불이 붙은 기름이 사방팔방 튀는 것을 의미하며 굉장히 위험하다는 뜻입니다.

● 산소를 차단해서 불을 끈다

뭔가가 불타기 위해서는 산소가 필요합니다.

튀김을 하다가 화재가 발생할 때는 산소를 차단해서 불을 끄는 방법이 가장 효과적입니다. 일반적으로 젖은 수건으로 덮는 방법을 추천합니다. 이때 젖은 수건이 직접 기름에 닿지 않도록 하는 것이 중요합니다.

냄비에 뚜껑이 있는 경우 뚜껑을 덮어서 끄는 방법도 있습니다. 이때 가장 주의해야 할 점은 뚜껑을 덮고 나서 기름 온도가 떨어질 때까지 그대로 내버려 둬야 한다는 것입니다. 기름 온도가 높은 상태에서 뚜껑을 열면 다시 불기둥이 치솟을 위험이 있습니다. 뚜껑을 열면 산소가 다시 공급되어 불길이 되살아나게 되는 것입니다. 화재 현장에 들어갔을 때 가장 위험하다고 하는 백드래프트(Backdraft)[76]와 같은 현상입니다.

● 기타 주의점

튀김 기름 화재 이외에도 부엌에서 주의해야 할 점이 몇 가지 있습니다. 먼지로 뒤덮인 환풍기, 낡은 가스 호스, 가스레인지와 벽과의 거리, 가스레인지 주위에 불에 타기 쉬운 물체 등을 점검해야 합니다.

그리고 불을 사용 중일 때는 그 자리를 떠나지 않고 화재가 일어나지 않도록 주의하는 것이 무엇보다 중요합니다. 만에 하나 화재가 발생하면 올바른 지식으로 냉정하게 대처하기 바랍니다.

---

76) 폐쇄된 방에서 나는 화재는 공기가 부족하여 불이 억제되는 상태인데 소화, 구조 목적으로 문을 열면 산소가 공급되어 폭발적으로 불타오르는 현상을 말합니다.

42

다이아몬드는 화재가 발생하면
불타버리게 될까?

아주 단단하고 매우 굴절률이 높고 영원히 영롱하게 반짝거리는 보석의 왕, 다이아몬드. 하지만 탄소로 이루어졌기 때문에 화재가 발생했을 때 다이아몬드가 불타버릴까 봐 걱정됩니다. 정말 그럴까요?

● 불에 타면 이산화탄소가 된다

다이아몬드는 탄소 원자만으로 이루어진 물질, 즉 탄소 동소체 중 하나입니다.[77]

다이아몬드는 모든 물질 중에 가장 단단해서 보석 연마 외에도 유리 절단과 암석 절삭에도 이용됩니다.

다이아몬드는 탄소만으로 이루어졌기 때문에 만약에 불이 나면 불타버리는 것은 아닐까 하고 걱정합니다. 그런데 다이아몬드는 공기 중에서 일어나는 화재 정도의 온도로 불타버리지는 않습니다.

산소 속에서 불을 붙이면 다이아몬드는 하얗게 반짝이면서 불타오르고 점점 작아져서 마지막에는 사라져버리게 됩니다. 그때 연소해서 생기는 기체를 석회수에 넣으면 뿌옇게 흐려집니다. 즉 다이아몬드는 불에 타면 이산화탄소가 되어버립니다.

● 다이아몬드를 불태우는 실험

'화재 정도로 다이아몬드는 불타지 않는다'라고 단언하는 이유는 제가 다이아몬드를 불태우기까지 엄청나게 고생을 했기 때문입니다.

공업용 다이아몬드 원석을 입수해서 연소 실험에 도전한 적이 있

---

77) 그 밖의 탄소 동소체로는 숯이나 카본 블랙 같은 무정형탄소, 흑연, 풀러렌 등이 있습니다.

습니다. 거세고 강렬한 불꽃이 나오는 가스 토치를 준비해서 다이아몬드에 그 불꽃을 쏘여도 불꽃이 닿았을 때는 빨갛게 되지만 불꽃을 멀리하면 원래대로 돌아갑니다. 불꽃을 쏘이기 전과 후의 다이아몬드 무게는 변함이 없습니다. 그 정도로는 다이아몬드는 불에 타지 않습니다.

그러다 간신히 산소 속에서 다이아몬드가 불타오른다는 것을 확인했습니다. 그래서 고온에도 견딜 수 있는 석영관에 다이아몬드를 넣고 산소를 공급하면서 가열해서 연소에 성공했습니다. 결국, 산소 속이라면 다이아몬드가 불타오른다는 사실을 확인했습니다.

● 다이아몬드 불로 송이버섯을 구웠다!

'탐정 나이트 스쿠프'라는 일본의 텔레비전 프로그램에 초등학생이 "광물 도감을 보면 다이아몬드는 탄소로 이루어졌다고 하는데요. 그렇다면 다이아몬드는 숯처럼 불에 타나요? 다이아몬드를 숯불처럼 태워서 송이버섯을 구워 먹고 싶어요"라는 의뢰를 해왔습니다.

이미 다이아몬드 연소 실험에 성공했던 저는 이 프로그램의 출연

의뢰를 받고 다이아몬드를 숯불에 태워서 송이버섯을 굽는 것을 실연했습니다.

송이버섯을 구울 정도의 열량을 얻으려면 다이아몬드가 아주 많이 필요합니다. 다행히 스미토모 전기공업 하드메탈에서 인공 다이아몬드를 제공받아서 실험했습니다. 인공 다이아몬드라고 하지만 조건에 따라 품질이 들쑥날쑥한 경우가 많은 천연 다이아몬드보다 비싼 것도 있었습니다.

뒷이야기도 있습니다. '스미토모 전기공업 주식회사 사장 마쓰모토 마사요시 블로그'[78]에 다음의 Q&A가 올라왔습니다.

Q "약 500캐럿이나 되는 인조 다이아몬드가 벤츠 10대 분량의 가격이라고 했는데 그렇게 실험에 무상 제공해줘도 괜찮은가요?

A 저도 프로그램을 보고 엄청난 스케일에 깜짝 놀랐습니다. (웃음)
    실제로 제품으로 가공해서 판매하면 그 정도 가격이겠지만 이번에 제공한 인조 다이아몬드는 가공 전 단계에 있는 것이었습니다. 그리고 프로그램에서는 밝히지 않았지만, 불순물이 조금 섞인 것, 결정화가 약간 잘되지 않은 것 등 가공하는 데 시간과 수고가 따르기 때문에 일단 보관하고 있었던 인조 다이아몬드 결정도 포함되어 있었습니다. 그것도 절대로 값이 싸지는 않지만, 지적 탐구심을 위해, 과학을 위해 좋은 결정이었다고 생각합니다. 아무튼, 이번 프로그램 녹화 때 전부 사용해서 당분간 그런 인조 다이아몬드는 없습니다. '제발 저도 주세요~~'라는 말씀은 부디 참아주세요."

---

78) 이 블로그는 현재 사장 교체로 폐쇄된 상태입니다.

● 어떤 돌이나 금속보다 단단하다

경도, 즉 광물의 단단한 정도는 표면을 세게 긁었을 때 얼마나 흠집이 생기기 어려운가를 비교한 것입니다. 서로 표면을 긁어보고 경도를 결정해갑니다.

그때 다음의 열 가지 종류의 표준 광물을 선택해서 경도 1에서 10까지 기준으로 삼고 있습니다.

《경도》

활석 (1)	석고 (2)	방해석 (3)
형석 (4)	인회석 (5)	정장석 (6)
석영 (7)	토파즈 (8)	커런덤 (9)
다이아몬드 (10)		

긁었을 때 이 열 가지 종류의 표준 광물 중에서 어느 것에 흠집이 생기는가로 어떤 물질의 경도를 파악할 수 있습니다. 다이아몬드의 경도가 최고 10인 것은 지금까지 천연 광물 중에 다이아몬드보다 단단한 물질이 발견되지 않았기 때문입니다.

● 다이아몬드의 용도

다이아몬드는 가장 단단한 물질입니다. 그래서 인공 다이아몬드는 천연 다이아몬드와 마찬가지로 단단한 소재에 구멍을 뚫거나 절단하거나 표면을 연마할 때 씁니다. 천연 다이아몬드의 80퍼센트 이상이 절삭, 연마 용도로 쓰입니다.

금속 원반에 아주 작은 다이아몬드 알갱이를 채워 넣은 것을 고속으로 회전시키면서 암석에 바싹 갖다 대면 암석을 절단할 수 있습니다.

다이아몬드는 전기적으로 절연체이지만 굉장히 열을 잘 전달하기 쉬운 성질이 있어서 고속 방열 장치에 사용되고 있습니다. 앞으로 다이아몬드의 새로운 용도도 속속 개발되어갈 거라고 생각됩니다.

43

소화기로 불을 끄는 원리는
어떻게 되나?

만약에 불이 난다면 소화기로 초기에 진화하는 것이 굉장히 중요합니다. 주택용 소화기 안에는 어떤 성분이 들어 있고 어떤 원리로 불이 꺼지는 걸까요?

● 소화기 안에는 가루나 액체가 들어 있다

소화기에는 소화 약제가 들어 있습니다. 소화 약제에 따라 소화기는 크게 두 가지 유형으로 나눌 수 있습니다.

소화 약제가 미세한 가루 형태인 분말 소화기와 액체인 강화액 소화기가 있습니다. 바깥에서 봤을 때 호스 끝의 노즐 앞쪽이 넓게 퍼져 있는 것이 분말 소화기입니다. 반대로 노즐 앞쪽이 좁아지는 것이 강화액 소화기입니다.

소화기 안에는 소화 약제뿐만 아니라 공기, 질소 같은 고압 기체도 들어 있습니다.

안전핀을 뽑고 노즐을 불이 난 쪽으로 향하고 레버를 움켜쥐고 앞쪽부터 빗자루로 쓸 듯 약제를 분사합니다.

소화기 사용법은 간단

① 안전핀을 위쪽으로 뽑는다

② 호스를 불이 난 곳으로 향한다

③ 레버를 강하게 움켜쥔다

소화기

● 각 소화기가 대응하는 화재

화재는 A 화재(평범한 화재), B 화재(기름 화재), C 화재(전기 화재)로 나눌 수 있습니다.

각각의 주택용 소화기가 어떤 화재에서 위력을 발휘하는지 그림으로 표시되어 있습니다.

적응 화재의 표시 사례

① 평범한 화재(A 화재)　　② 기름 화재(B 화재)　　③ 전기 화재(C 화재)

● 소화 약제에 따른 소화 원리

뭔가가 불에 타려면 ① 가연물 ② 산소 ③ 높은 온도, 세 가지 조건이 필요합니다.

하지만 불타오른다는 화학 반응, 즉 연소는 가연물이 산소와 결합하는 1단계 화학 반응으로 이루어지는 것이 아니라 많은 작은 반응(elmentary reaction)의 집합입니다. 우리가 A 지점에서 B 지점으로 갈 때 한 번에 도달하는 것이 아니라 이쪽저쪽을 돌아가면서 가는 듯한 느낌입니다.

그래서 어딘가의 작은 반응 단계가 멈춰버리면 화학 반응 전체도 멈추게 됩니다. 여기서 한 가지 더 뭔가가 불에 타는 조건을 추가하겠습니다. ④ 화학 반응이 어딘가에서 중단되지 않고 이어진다는 조건이 충족되어야 합니다.

이 ①~④ 중에 하나, 또는 여러 가지를 억제하면 불을 끌 수 있습니다. 그것이 소화 약제의 역할입니다.

특히 가정에서는 연소하는 물질에 물 등을 뿌려 물체 온도를 급속도로 낮춰야 합니다. 즉, ③ 높은 온도를 낮추는 것입니다. 불 속에서 일어나는 화학적 연쇄 반응(작은 반응의 집합)의 어느 단계를 멈추는 것, 즉 ④ 화학 반응이 어딘가에서 중단되지 않고 이어진다는 조건을 억제해야 합니다.

그리고 불을 이산화탄소나 가루로 덮어버려서 질식 효과, 즉 ② 산소를 억제하는 효과를 이용할 때도 있습니다.

액체인 강화액 소화기에는 물에 탄산칼륨 등이 들어 있습니다.[79]

---

79) 물은 냉각 효과가 있습니다. 그리고 칼륨이온은 화학적 연쇄 반응(작은 반응의 집합)의 어딘가의 단계를 멈추는 작용을 합니다.

이 소화기는 튀김 기름 화재에 효과가 있어서 부엌에 두는 것이 좋습니다. 하지만 실제로 튀김 기름 화재가 일어났을 때 노즐을 너무 가까이에 대면 기름이 사방팔방 튈 수가 있으니까 처음에는 4~5미터 떨어진 곳에서 분사하다가 점점 가까이 다가가도록 합니다.

분말 소화기에는 주로 인산이수소 암모늄(monoammonium phosphate)이 들어 있습니다.[80]

분말 소화기는 A 화재(평범한 화재), B 화재(기름 화재), C 화재(전기 화재)에 모두 효과적입니다. 분말 소화기로 거센 불길을 억제하고 강화액 소화기로 불의 깊은 부분까지 완전히 소화하는 것이 불을 끄는 이상적인 방법입니다.

● 소화기 보관 장소

소화기의 보관 장소로 적당한 곳은 어디일까요?

불을 사용하는 장소 가까이가 좋은 것은 확실하지만 가스레인지 바로 옆에 두어서는 안 됩니다. 불이 났을 때 그 주변이 불꽃에 휩싸여서 소화기에 손이 닿지 않을 수 있기 때문입니다.

부엌 입구 부근 눈에 띄는 곳에 소화기를 보관하는 것이 적당합니다.

---

80) 가루를 분사해서 질식 효과나 화학적 연쇄 반응(작은 반응의 집합)의 어느 단계에서 멈추는 작용으로 불을 끕니다.

자신뿐만 아니라 이웃 사람이 도와줄 수 있다는 것을 가정해서 현관 옆에 소화기를 두는 것도 좋습니다. 직사광선으로 소화기 본체가 따뜻해지는 것과 부식을 막기 위해 습기가 적고 눈에 잘 띄는 장소에 보관하도록 합니다.

　소화기의 사용 기한은 대체로 5년입니다. 주택용 소화기는 안에 들어가는 소화 약제를 다시 채울 수 없는 구조여서 재활용 소화기로 내놓아야 합니다.

44

지진 예측은 정말로 가능할까?

느닷없이 땅이 흔들리고 해일과 화재, 산사태 등 커다란 피해가 동시에 일어나는 자연재해가 지진입니다. 그렇다면 재해로 인한 피해를 줄이기 위해 지진 예측을 할 수는 없을까요?

● 왜 일본은 지진 대국일까?

일본은 지진 대국이라는 말을 듣는데 도대체 얼마나 자주 지진이 일어나는 걸까요? 일본에서 일어나는 지진 상황은 일본 방재 과학 기술 연구소의 '방재 지진 웹'[81]에서 일본 전역의 지진계 실시간 정보, 24시간 이내에 발생한 지진, 최신 진원 정보 등을 정리해서 볼 수 있습니다.

방재 지진 웹을 살펴보면 일본에서 정말 지진이 자주 일어나는 걸 알 수 있습니다. 왜 일본에서는 이렇게까지 지진이 자주 일어나는 걸까요? 지금부터 지진이 일어나는 원리를 살펴봅시다.

지구 표면은 플레이트(plate), 즉 판이라고 불리는 십몇 장의 거대한 암반으로 뒤덮여 있습니다. 각각의 판은 연간 몇 센티미터의 속도로 다른 방향으로 이동합니다. 일본 부근에는 네 장의 판이 서로 부딪히고 있습니다. 땅 밑에서는 암반이 항상 커다란 힘을 받고 있습니다. 이 힘이 원인이 되어 암반이 파괴되거나 밀려난 암반이 원래대로 되돌아가려고 해서 땅이 흔들리게 됩니다. 이것이 바로 지진입니다.[82] 이처럼 일본 부근에서 네 장의 판이 서로 부딪히고 있어서 지진이 자주 일어나는 것입니다.

---

81) http://www.seis.bosai.go.jp
82) 지진에는 판 경계면에서 암반이 원래대로 되돌아가려고 해서 발생하는 해구형 지진과 암반이 커다란 힘을 받고 있어서 내륙부에 있는 활단층이 움직이거나 내륙부의 암반이 파괴되거나 해서 발생하는 내륙형 지진, 즉 직하형 지진이 있습니다. 활단층은 과거에 반복해서 지진이 일어나고 앞으로도 지진이 일어날 가능성이 있는 단층입니다. 일본에서는 2000 이상의 활단층이 있고 아직 알려지지 않은 활단층도 다수 있다고 추정됩니다.

일본 부근에 있는 네 장의 판

● 매그니튜드와 진도

지진이 일어나면 뉴스에서 "5시 40분 무렵 지진이 발생했습니다. 진원지는 미야기현 바다, 진원의 깊이는 47킬로미터, 매그니튜드는 4.2, 각지의 진도는……" 등으로 설명합니다. 여기서 사용되는 단어의 의미를 살펴봅시다.

매그니튜드는 '지진의 에너지 크기'를 나타냅니다. 매그니튜드 7 이상의 지진을 '대지진'이라고 부르고 특히 8 정도 이상을 '거대 지진'이라고 부릅니다.

그에 비해 진도는 '관측 지점에서 흔들리는 크기'를 나타냅니다.

같은 지진이라도 지진이 일어난 진원에서 멀어지면 진도는 작아집니다.[83] 진원에서 거리가 같아도 지반이 약하면 진도는 커집니다. 진도 5와 진도 6은 각각 '5 강', '5 약'처럼 두 단계로 표시되고, 전부 0~7까지 10단계로 표시됩니다.

● 긴급 지진 속보는 지진 예지가 아니다

지진이 일어났을 때 약한 흔들림을 느끼고 나서 강한 흔들림을 느끼게 됩니다. 지진이 일어날 때는 속도가 다른 두 종류의 파동, 즉 지진파가 발생합니다. 최초의 약한 흔들림(P파)을 재빨리 관측하고 지진이 일어난 장소와 규모부터 각지의 진도를 예상하고 강한 흔들림(S파)에 대비하는 것이 긴급 지진 속보입니다. [84]

즉 긴급 지진 속보가 나왔을 때는 이미 지진이 발생했기 때문에 이것은 '지진 예지'가 아닙니다.

긴급 지진 속보 구조

기상청

---

83) 2018년 9월 6일에 발생한 홋카이도 이부리 동부 지진에서는 매그니튜드는 6.7이었지만 내륙형 지진으로 진원까지 거리가 가까웠기 때문에 진도 7의 강한 흔들림이 관측되었습니다.
84) 긴급 지진 속보가 제시간에 오지 않을 때도 있습니다. 내륙형 지진으로 피해가 커지는 것은 진원까지의 거리가 가까울 때입니다. 진원까지 거리가 가까우면 P파와 S파의 차이가 거의 없습니다. 그래서 긴급 지진 속보보다 먼저 강한 흔들림이 올 때가 있습니다.

● 지진 예지는 가능한가?

태풍 등, 진로 예측처럼 '언제(며칠 정도)', '어디서', '어느 정도 규모'의 지진이 오는지 이 세 가지를 과학적 근거로 예측하는 것을 '예지'라고 합니다.

일본에서는 1978년에 '대규모 지진 대책 특별 조치법'을 제정해서 도카이 지진 예지와 예지 가능한 경우의 방재 체제를 정비해왔습니다. 그런데 2017년, '경계 선언을 낸 도카이 지진처럼 정확도가 높은 예측은 불가능하다'라는 견해가 나왔습니다. 현시점에서 지진 예지는 불가능하다는 사실을 인정하는 듯한 견해였습니다.[85]

지진의 관측과 연구가 진행됨에 따라 다양한 현상이 일어나거나 일어나지 않거나 하는 것을 알게 되었습니다.

2011년에는 동일본 대지진이 발생했습니다. 이 거대 지진은 도카이 지진과 비슷한 메커니즘으로 일어났습니다. 하지만 예상하던 전조 현상은 확인되지 않았습니다. 그래서 예측을 위한 가설을 다시 세워야 했습니다. 가설은 있지만, 확증은 없습니다. 과학 기술이 발달해도 지금 단계에서 한계가 보이게 된 것입니다.

---

85) 예를 들어 상당히 정밀도가 높은 태풍의 진로 예측이라도 남쪽 바다에서 언제 북상하는지 판단이 크게 갈리게 되고 일본에 상륙하고 나서의 진로 예측이 달라지거나 합니다. 연구자는 가설과 검증을 반복하면서 하루하루 예측의 정밀도를 높이고 있습니다.

일본에서 앞으로 대지진이 일어날 것은 확실하지만 언제 어디에서 어느 정도 규모의 지진이 일어날지 높은 정밀도의 예측을 하는 것은 아직 어렵습니다. 하지만 기상청은 거대 지진과의 관련성이 의심되는 이상 현상이 관측되었을 때는 '여느 때에 비해 커다란 지진이 일어날 가능성이 높아진다'라는 임시 정보를 발표합니다.

언제 지진이 일어난다고 해도 곧바로 몸을 지키는 방법이나 식량 비축 등 지진에 대한 대비를 평소에 해두는 것이 중요합니다.

45

휴대전화기의 전파는
위험하지 않을까?

전파라고 하면 어쩐지 SF, 즉 공상 과학 소설이 연상됩니다. 하지만
번개나 가시광선, 엑스레이의 엑스선, 전자레인지에 사용되는 마이
크로파 등 우리의 일상생활은 전파로 가득 차 있습니다. 이런 것들은
위험하지 않을까요?

● 전파는 엑스선이나 자외선보다 약하다

엑스레이를 찍을 때 사용하는 엑스선이나 자외선은 너무 많이 쏘이면 암에 걸립니다. 엑스선이나 자외선이 가진 에너지가 너무 커서 DNA에 손상을 입히기 때문입니다.

이 엑스선이나 자외선, 휴대전화의 전파는 모두 전자파라는 파장에 포함됩니다. 그래서 휴대전화의 전파 때문에 암에 걸리지 않을까 걱정하는 사람이 있습니다.

전파의 특징을 나타내는 것으로 주파수가 있습니다. 주파수는 1초 동안 진동하는 횟수, 즉 파동 수를 나타냅니다.

같은 태양에서 오는 빛이라도 주파수가 커다란 자외선은 살균 작용이 있지만, 주파수가 작은 적외선에는 살균 작용이 없습니다. 주파수가 커다란 파장은 잘 움직이는 높은 에너지이기 때문에 미치는 영향도 큽니다.

엑스선이나 자외선은 엄청난 고주파이지만 휴대전화의 전파는 압도적으로 저주파입니다. 따라서 휴대전화의 전파로 DNA에 손상을 입힐 가능성은 극히 낮다고 할 수 있습니다.

전파(전자파)와 주파수

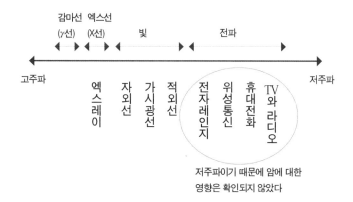

● 암 이외의 영향도 없다

휴대전화의 전파는 전자레인지와 상당히 비슷한 전파이기 때문에 대량으로 쏘이면 체온을 상승시킵니다. 하지만 일상생활에서 체온을 상승시킬 정도로 전파를 잔뜩 쏘이는 일은 없습니다. 최대로 쏘인다고 해도 인체에 영향을 미치는 최저 라인의 50분의 1 이하 세기의 전파만 사용하도록 정해져 있기 때문입니다.

그래도 국제 암 연구기관(IARC)은 '암이 유발될지도 모른다'라고 평가하고 있습니다. 근거가 되는 것이 스웨덴 연구에서 '누적 2000시간 이상 [86] 장시간 휴대전화를 사용하면 암에 걸릴 가능성이 있다'

---

86) 예를 들어 하루 30분 이상 통화를 10년 동안 매일 계속하는 정도로 장시간 이용하는 것을 말합니다.

268

라는 보고가 있습니다. 그렇지만 이 연구 보고는 기억에 의존하는 것이기 때문에 정확성에 문제가 있습니다. 게다가 '극단적으로 장시간 이용자가 위험이 높다'라고 되어 있을 뿐 '그 원인이 휴대전화다'라는 결론까지는 내려지지 않았습니다. [87] 그래도 휴대전화의 영향이 제로라고 단언하기는 어렵기에 국제 암 연구기관은 이 점을 고려해서 '암이 유발될지도 모른다'라고 지적하고 있습니다.

세계 보건 기구(WHO)는 국제 암 연구기관의 발암성 평가를 받아들여 '휴대전화에서 발사되는 전파를 원인으로 하는 어떠한 건강 이상이나 영향에 대한 평가가 확립되어 있지 않다'라는 이제까지와 같은 견해를 내놓았습니다.[88]

일본의 연구에서도 2000~2004년에 실시한 조사에서 10년 이상 휴대전화의 사용, 2000시간이 넘는 통화시간과 암의 상관관계를 조사해도 휴대전화의 사용으로 암이 늘어났다는 결과로 이어지지는 않았습니다.

● 교통약자석 부근이라도 휴대전화 전원을 끄지 않아도 좋았던 이유

인체에는 영향이 없더라도 기계에 대한 영향은 어떨까요? 2013년

---

87) 장시간 이용자에게는 암의 원인이 되는 다른 공통점이 있을 가능성도 있습니다.
88) 2011년 6월에 WHO 백서 193 '휴대전화'를 개정해서 발표했습니다.

12월, 일본 총무성은 4세대 LTE 방식의 휴대전화에서 나오는 전파는 심장 박동 조율기에 영향을 주지 않는다는 조사 결과를 내놓았고 최근에는 교통약자석 부근에서도 휴대전화 전원을 끄지 않아도 됩니다.

기술의 발전에 따라 필요한 전파 강도는 약해지고, 더구나 통신 속도는 빨라졌습니다. 지금의 전파로는 가장 영향을 받기 쉬운 심장 박동 조율기도 휴대전화와의 거리가 3센티미터까지는 건강에 영향을 주지 않습니다. 일본의 총무성은 국제 기준에 맞춰 '심장 박동 조율기와 휴대전화의 거리는 15센티미터 이상 떨어지도록 하라'라고 주의를 환기하는데 이 정도만 떨어지면 충분히 안전하다는 것입니다.

제**7**장

'첨단 기술'에 넘쳐나는 과학

46

로켓과 미사일이 날아가는
원리는 같을까?

직접 눈으로 보고픈 것으로 자주 거론되는 것이 개기일식과 로켓 발
사라고 합니다. 그런데 최근에 미사일 방위에 대한 논의가 활발하게
이루어지고 있습니다. 로켓과 미사일은 어떤 원리로 날아가는 것일
까요?

● 로켓이 날아가는 원리

길고 가느다란 고무풍선에 공기를 가득 채워 부풀게 해서 손을 떼면 풍선은 공기를 내뿜으면서 날아갑니다. 풍선은 안에 있는 공기를 분사하면서 그 반동으로 날아가는 것입니다.

로켓도 완전히 똑같습니다. 로켓은 연료와 산소를 내뿜는 물질인 산화제를 반응시켜서 대량의 연소 가스를 고속으로 분사해서 그 반동으로 날아갑니다. 연소 가스는 로켓을 진행 방향으로 밀고, 로켓은 연소 가스를 뒤쪽으로 밉니다. 로켓 추진과 공기는 관계가 없어서 공기가 있는 곳에서도 진공 상태에서도 로켓은 날아갈 수 있습니다.

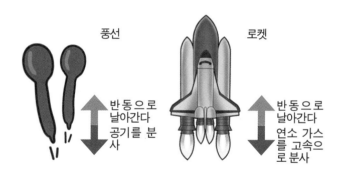

제트기도 제트엔진에서 연소 가스를 뒤쪽으로 분출해서 그 반작용으로 날아가게 됩니다. 로켓과 제트기의 차이점은 제트기의 제트엔진은 연료만 갖고 있고 연소에 필요한 산화제는 공기 중의 산소를

이용한다는 것입니다. 이때 공기 중의 태우지 못하는 질소도 고온이 되어 분출되어 추진력에 크게 이바지합니다. 또한, 제트기는 공기에 의존해서 공기 중으로 날아가기 때문에 엔진은 기체를 전진시키는 힘을 내면 되는 것입니다. 그래서 공기가 없으면 제트기는 날지 못합니다.

 로켓
연료 + 산화제로 날아간다　　* 공기가 없어도 날 수 있다

 제트기
연료 + 공기 중 산소로 날아간다 * 공기가 없으면 날아가지 못한다

로켓은 연료와 산화제를 갖고 있어서 공기가 없는 곳에서도 날아갈 수 있습니다. 하지만 그만큼 무거워져서 기체를 전진시키는 것과 기체의 무게를 유지하는 것이 필요하고, 지구의 중력권에서 날아가기 위해서는 비행기와 비교해서 커다란 추진력이 있어야 합니다.

● 로켓과 미사일은 비슷하다

로켓에 이용하는 연료는 고체나[89] 액체를 사용하는 것,[90] 크게 두 가지로 나눌 수 있습니다.

고체 로켓은 로켓엔진에 추진제를 넣은 상태에서 장시간 보존할 수 있고, 단기간 준비해서 쏘아 올리는 것이 가능하고, 발생하는 추진력이 크다는 등 장점이 있습니다.

액체 로켓은 구조가 복잡하고 발사 준비에 오랜 기간이 걸리지만 크기가 커질수록 성능이 향상됩니다. 비행 중에 연소를 중단했다가 다시 연소 개시도 가능하고 로켓의 진행 방향 변경도 하기 쉽다는 것이 특징입니다.

그런데 로켓과 비슷한 것으로 미사일[91]이 있습니다. 미사일의 추진 장치는 장사정 탄도 미사일 등은 로켓엔진이 이용되는 일이 많고, 순항 미사일은 제트엔진이 이용됩니다.

로켓엔진으로 날아가는 장거리 탄도 미사일은 궤도가 대기권 바깥으로 도달할 때도 있고 탄두를 싣고 있는 것 말고는 우주 로켓과 구조상 커다란 차이는 없다고 할 수 있습니다.

● 일본의 로켓 개발

인류의 우주 시대는 로켓 개발과 함께 시작되었습니다. 일본에서는 1955년에 총 길이 23센티미터의 애칭 펜슬 로켓을 쏘아 올리는 것부터 개발이 시작되었습니다.

---

89) 고체 로켓의 추진제는 미립자 상태의 연료와 산화제를 고분자 수지(생활 속에서는 고무 계열 접착제에 가까운)로 반죽해서 굳혀서 만듭니다. 산화제에는 과염소산암모니아, 연료에는 알루미늄미립자(가루)가 사용됩니다.

90) 액체 로켓에서는 주로 연료로 액체수소, 케로신(등유에 가깝다), 산화제로 액체산소가 사용됩니다. 케로신 + 액체산소, 액체수소 + 액체산소의 조합이 됩니다.

91) 미사일은 원래 라틴어의 동사 'mittere(던진다)'에서 파생된 형용사 'missile(던져진 것)'에서 유래된 말입니다. 투사체, 날아가는 도구, 돌을 던지는 것을 가리킵니다. 현대에서 미사일이라고 부르는 경우는 주로 추진 장치와 유도 장치를 가진 병기를 가리킵니다.

2003년에는 우주 과학 연구소, 우주 개발 사업단, 항공 우주 기술 연구소가 통합되어 일본 문부과학성 관할로 일본 우주 항공 연구 개발 기구(JAXA)가 탄생했습니다. 일본 우주 항공 연구 개발 기구에서는 H2A 로켓 개발, 소행성 탐사위성 '하야부사' 개발과 발사, 국제 우주 정거장 건설 등을 진행해왔습니다.

주력 로켓인 H2A는 38기 중 37기를 쏘아 올리는 데 성공해서 세계 최고 수준인 97.4퍼센트의 성공률을 자랑합니다.

현재 일본 우주 항공 연구개발 기구는 2020년에 1호기 발사를 목표로 민간 기업과 함께 신형 로켓 'H3'의 개발을 진행하고 있습니다.

통신위성을 이용한 텔레비전 방송의 확대, 우주 환경을 이용한 실험을 하는 장소의 확보, 우주에서 지구의 관측, 인터넷 통신망의 확대와 개선 등 우주 공간을 이용한 다양한 비즈니스를 전개하는 것이 가능해졌기 때문입니다.

그러나 이 분야에서의 경쟁이 극심해서 다른 나라보다 저렴하게 발사 비용을 줄인 고성능 로켓을 개발할 필요가 있습니다.

최근에 발사 비용이 아주 저렴해진 미니 로켓 형태의 초소형 위성의 발사가 이루어지고 있습니다. 일본 우주 항공 연구개발 기구는 2018년 2월 3일, 전봇대 크기의 로켓 'SS-520' 5호기 발사에 성공했습니다. 이 로켓은 '세계 최소 로켓'으로 기네스북 세계 기록으로 인정을 받았습니다.

일본산 로켓의 대략적인 비교

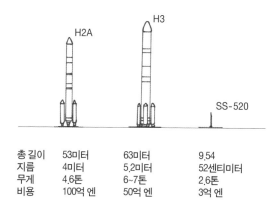

총 길이	53미터	63미터	9.54
지름	4미터	5.2미터	52센티미터
무게	4.6톤	6~7톤	2.6톤
비용	100억 엔	50억 엔	3억 엔

47

생물에서 힌트를 얻은
기술 혁신이 많다고?

생물의 형태나 능력을 흉내 내서 만드는 것을 '생태 모방 기술'이라
고 합니다. 우리 주변에는 '생태 모방 기술'로 개발된 눈이 번쩍 뜨일
만한 아이디어 제품이 많습니다.

● 벨크로

들판을 걷다 보면 옷에 '솜털 같은 벌레'가 들러붙을 때가 있습니다. 하지만 사실은 '솜털 같은 벌레'가 아니라 도꼬마리라는 식물의 열매입니다. 무수히 많은 촘촘한 갈고리 모양의 작은 가시가 옷 섬유를 휘감아서 들러붙는 것입니다.

1948년, 스위스의 발명가 마에스트랄은 강아지와 산책을 하다가 도꼬마리가 달라붙는 것을 보고 이 원리를 깨달았습니다. 그리고 나일론으로 무수히 많은 갈고리(후크)와 고리(루프)를 재현해 벨크로를 개발했습니다.

하나하나의 후크와 루프의 결합은 약하지만 평평한 면을 이루면 결합이 강해집니다. 더구나 간단하게 떼었다 붙였다 반복해서 사용할 수 있는 획기적인 아이디어였습니다. 현재 '매직테이프',[92] '벨크로'라는 이름으로 상표 등록되어 신발이나 가방, 결속밴드 등 폭넓게 이용되고 있습니다.

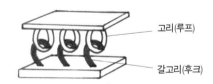

고리(루프)

갈고리(후크)

---

92) 일본에서 일반적인 이름인 '매직 테이프'는 주식회사 쿠라레의 상표입니다.

● 초발수 소재

연꽃 이파리 위에서는 물방울이 동그란 모양 그대로 또르르 굴러
갑니다. 이것은 연잎에 눈에 보이지 않을 정도로 작은 돌기가 무수히
많이 이어져 있고 그 요철 구조가 쿠션처럼 물방울을 지탱하고 있
기 때문입니다. 물방울이 동그란 모양 그대로 있는 상태를 '초발수'
라 하고 연잎의 요철 구조가 초발수를 일으키는 현상을 '로터스 효과
(lotus effect)'라고 합니다. 로터스는 연꽃을 의미합니다. 흙탕물 위에
뜬 연잎이 언제나 깨끗한 이유는 로터스 효과로 물방울이 연잎 위를
또르르 굴러가면서 더러움을 없애기 때문입니다.

로터스 효과를 응용해서 물에 안 젖는 옷, 발수 스프레이 등이 개
발되고 있습니다. 요구르트 용기를 흔들어도 내용물이 잘 달라붙지
않도록 만든 안쪽 덮개도 로터스 효과가 응용된 것입니다.

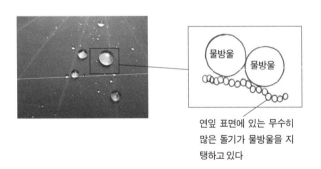

연잎 표면에 있는 무수히
많은 돌기가 물방울을 지
탱하고 있다

● 신칸센 선두 모양

  일본의 열차 신칸센의 얼굴에 해당하는 선두 모양에도 생태 모방 기술이 응용되었습니다. 1990년대 후반에 등장한 산요 신칸센 N500 계열의 선두 모양은 그 길고 아름다운 유선형으로 주목을 받았습니다. 이 모습은 그저 보기에 멋지기만 할 뿐만 아니라 산요 신칸센이 떠안은 커다란 문제를 해결하려고 개발하였습니다.

  산요 신칸센은 모든 노선의 약 반 정도가 터널을 통과합니다. 고속으로 터널에 진입한 신칸센은 공기를 압축하면서 진행하기에 출구에서 찢어지는 것 같은 소음이 발생하게 됩니다.

  '터널 소음'이라고 불리는 이 문제를 해결하는 힌트가 된 것은 먹이를 잡기 위해 물속으로 초고속 다이빙하는 물총새입니다. 물총새가 훌륭하게 다이빙할 수 있는 것은 공기 저항을 극한까지 억제하는 부리 모양에 있습니다. 물총새의 부리 모양을 신칸센 선두에 재현함으로써 '터널 소음'이 해소되었습니다.

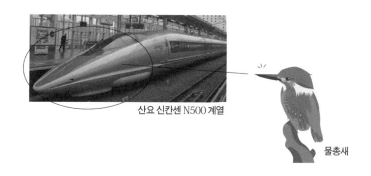

산요 신칸센 N500 계열   물총새

● 수영 대회 수영복

2000년에 열렸던 시드니 올림픽 수영 종목에서 나온 13개 세계 신기록 중에서 사실은 12개가 전신 수영복인 '상어 피부 수영복'을 입은 선수가 세운 것입니다. 상어 피부 수영복은 이름 그대로 상어의 표피를 힌트로 개발된 수영복으로 기존 수영복과 비교해서 7퍼센트나 저항을 줄이는 데 성공했습니다.

부레가 없는 상어가 오랜 시간 계속 수영할 수 있는 비밀은 바로 비늘에 있습니다. 줄칼이나 강판으로 사용될 정도로 단단한 상어 비늘은 상아질을 에나멜질이 덮은 치아 같은 구조로 되어 있습니다. 그래서 상어 비늘은 '피치(皮齒)', '방패 비늘'이라고 부릅니다. 비늘이 촘촘히 달린 상어 피부에 물이 닿으면 소용돌이가 만들어지고 그것이 물의 통과를 부드럽게 해서 저항을 줄여줍니다. 그리고 천천히 헤엄칠수록 작은 소용돌이가 많이 만들어져서 저항의 원인이 되는 커다란 소용돌이를 만들지 않기 때문에 에너지를 절약하기에 이상적입니다.

상어 피부 수영복의 비밀은 상어 비늘을 힌트로 삼아 무수히 많은 홈을 배열한 '리브레토(libretto)'라는 구조에 있습니다. 2010년에 국제 수영 연맹이 수영복 표면의 가공을 금지했기 때문에 상어 피부 수영복의 제조는 중지되었지만, 비행기에 도입되어 공기 저항을 줄이는 효과를 가져왔습니다.

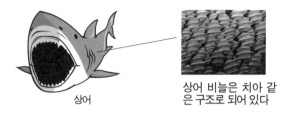

상어

상어 비늘은 치아 같
은 구조로 되어 있다

● 생태 모방 기술의 미래

이번에 소개한 생태 모방 기술은 겨우 일부일 뿐입니다. 그밖에도
아이디어 단계의 상품을 포함해서 헤아릴 수 없을 만큼 많은 기술이
있습니다.

원래 생태 모방 기술의 시작은 하늘을 날아다니는 새를 기계로 재
현하려고 한 레오나르도 다 빈치 시대까지 거슬러 올라갑니다.

하늘을 날아다니는 새가 되고 싶다는 꿈은 라이트 형제가 실현하
였지만, 생태 모방 기술이 감추고 있는 꿈은 앞으로 무한히 펼쳐질
것입니다.

48

방사능과 방사선의
차이는 무엇일까?

후쿠시마 제1 원자력 발전소 사고로 방사선과 방사능이라는 말이 뉴스에 자주 나오고 있습니다. 베크렐과 시버트라는 단위도 종종 보게 됩니다. 이것에 대해 살펴보기로 합시다.

● 방사능과 방사성 물질과 방사선

'방사능', '방사성 물질', '방사선', 이 세 가지 단어는 상당히 비슷합니다. 모두 '방사'라는 단어가 공통되어 있는데 방사는 '한 점에서 사방팔방으로 튀는 것', '물질이 빛이나 입자 등을 주위에 내뿜는 것'을 의미합니다.

그래서 불타고 있는 초를 예로 들어 이 세 가지 단어의 차이점을 설명해보겠습니다.

먼저 초는 방사성 물질에 해당합니다. 그리고 초는 그 크기에 따라 불꽃이 커지기도 하고 작아지기도 합니다. 각각 초에 따라 방출하는 빛의 강도와 빛의 양이 차이가 납니다. 이렇게 초가 가진 능력은 방사능에 해당합니다. 마지막으로 초의 불꽃에서 내뿜는 빛이 바로 방사선입니다.

초에 비유해보자

(빛 = 방사선

초가 가진 능력 = 방사능

초 = 방사성 물질

● 방사선의 종류

좀 더 자세하게 설명하겠습니다.

먼저 방사성 물질의 원자핵은 방사선을 방출하고 나서 파괴되고 다른 종류 원자핵이 되는(방사성 붕괴가 일어나는) 성질을 갖고 있습니다. 이 성질을 방사능이라고 합니다.

방사성 물질의 원자핵이 방사성 붕괴를 일으킬 때 원자핵에서 방출하는 것이 방사선입니다.

대표적인 방사선에는 알파(α)선, 베타(β)선, 감마(γ)선이 있습니다.[93]

● 전리 작용이 있는 방사선

알파선, 베타선, 감마선은 전리 방사선이라고 부릅니다.

방사선은 전리 작용이라는 활동을 합니다. 전리 작용이란 원자를 만드는 전자를 힘껏 튕겨버리는 것을 말합니다.

우리 몸을 구성하는 다양한 분자는 원자끼리 전자를 사이에 두고 연결되어서 만들어졌습니다. 그 전자를 튕겨버리면 분자가 절단되고 세포나 DNA 분자에 장애가 일어납니다.

---

93) 알파선은 헬륨 원자핵(두 개의 양자와 두 개의 중성자가 단단하게 결합한 입자)의 흐름입니다. 베타선은 원자핵 안에서 튀어나온 전자의 흐름입니다. 감마선은 엑스레이 검사에 사용하는 엑스선과 비슷한 에너지가 높은 전자파입니다.

방사선 중에서는 알파선이 가장 전리 작용이 강하지만 투과력이 약해서 종이 한 장(공중에서는 몇 센티미터)만 있어도 멈춰버립니다. 베타선은 전리 작용과 투과력, 둘 다 중간 정도입니다. 몇 밀리미터 두께의 알루미늄판(공중에서는 몇 미터) 때문에 멈춰버립니다. 감마선은 전리 작용은 가장 작지만, 투과력은 가장 큽니다.

체내에서는 장애를 일으킨 DNA를 복구하는 작용이 이루어지지만 짧은 기간 다량의 방사선을 쏘이면 사람은 사망합니다. 한편 소량의 방사선을 길게 계속 쏘일 때 미치는 영향은 아직 정확히 밝혀지지 않았습니다. 암이 되는 원인 중 하나로 추정되기는 하지만 암에 걸리는 원인은 여러 가지가 있어서 명확히 특정할 수 없는 경우가 많기 때문입니다.

● 단위 '베크렐'과 '시버트'

베크렐은 방사성 물질에서 방출되는 방사능의 양을 나타내는 단위입니다.

1베크렐은 1초 동안 한 개의 원자가 다른 종류 원자핵을 가진 것에 붕괴한다는 것을 나타내고 있습니다. 따라서 1초 동안 백 개의 원자가 붕괴한다면 100베크렐의 방사능이 있는 것이 됩니다.

시버트는 인체에 영향을 미치는 방사선의 양을 나타내는 단위입니다.

방사선에는 알파선, 베타선, 감마선 등의 종류가 있고 같은 100베크렐이라고 해도 나오는 방사선의 종류에 따라 인체에 대한 영향이 달라집니다.

그래서 베크렐 수치만으로는 우리 몸에 대한 영향은 알 수 없습니다. 방사선의 종류나 강도를 고려해서 인체가 방사선에 따라 어느 정도 영향을 받는가를 나타내는 단위로 시버트가 만들어졌습니다. 시버트의 1000분의 1이 '밀리시버트', 그리고 밀리시버트의 1000분의 1이 '마이크로시버트'가 됩니다.

방사능의 세기 = 베크렐

인체에 영향을 미치는 방사선의 양 = 시버트

● **자연계에는 항상 방사선이 어지러이 날아다닌다**

우리가 사는 지구상에는 항상 방사선이 어지러이 날아다니고 있습니다.

예를 들어 땅에 있는 우라늄, 토륨, 라듐, 라돈, 칼륨40 등에서 항상 방사선이 방출되고 있습니다. 방출되는 방사선을 우리는 늘 뒤집어쓰고 있는 것입니다.

우주에서는 아득히 먼 우주나 태양 폭발로 방출되는 우주 방사선도 언제나 지구에 내리꽂히고 있습니다.

그리고 우리 몸 안에 있는 칼륨(몸무게의 약 0.2퍼센트)의 일부는 방사성 물질인 칼륨40(칼륨 중 0.0012퍼센트)입니다. 몸 내부에도 칼륨40 등에서 방출되는 방사능을 뒤집어쓰고 있는 셈이 됩니다. [94]

이렇게 천연에 있는 방사선을 자연 방사선이라고 합니다. 일상생활을 하는 동안 우리는 알지 못하는 사이에 방사선을 뒤집어쓰고 있습니다. 자연 방사선으로 받는 피복은 모두 합치면 연간 세계 평균 2.4밀리시버트가 됩니다.

인도의 케랄라주, 브라질의 구아라파리 등에서는 땅에서 받는 방사선량이 일본의 10배 이상이나 된다고 알려져 있습니다. 하지만 주민의 건강이나 유전적인 영향이 다른 지역보다 많다는 것은 인정받지 못하고 있습니다. 따라서 자연 방사선은 '완전히 무해 하다고는 할 수 없지만 일단 위험성은 없다'라고 할 수 있습니다.

엑스레이, CT 검사, 원자력 발전소 사고 등 방사성 물질로 입는 피폭은 인공 방사선에 따른 것이지만 자연 방사선도 인공 방사선도 피폭량이 같다면 인체에 대한 영향은 마찬가지일 것입니다.

---

94) 몸무게 60킬로그램인 사람의 체내 방사능은 칼륨40에서 4000베크렐, 탄소14에서 2500베크렐, 루비듐 87에서 500베크렐 정도라고 합니다.

49

전기 자동차와 연료 전지차의
과제와 보급의 열쇠는?

주행 시 유해 가스를 전혀 배출하지 않는 '제로 에미션 차'[95]가 이상적인 에코카라고 알려져 있습니다. 전기만으로 달리는 전기 자동차, 수소를 활용한 전동 연료 전지차가 기대를 모으고 있습니다.

---

95) '제로 에미션 차(zero emission car)'는 주행시 이산화탄소나 배기가스를 전혀 배출하지 않는 자동차입니다. '제로 에미션'은 '방출', '배출' 등을 의미합니다.

● 전기 자동차(EV)의 과제

전기 자동차(EV ; Electric Vehicle)는 휘발유를 사용하지 않고 전기의 힘만으로 모터를 움직여서 주행하는 자동차입니다. 그 전기가 풍력이나 태양광 등 재생 가능한 에너지에서 탄생한다면 전기 자동차의 이산화탄소 배출량은 거의 제로라고 할 수 있습니다. 하지만 실제로는 전기 생산의 경우 화석연료를 사용하는 화력발전에 의존하고 있다는 것이 현재 상황입니다.

그리고 전기 자동차는 전기의 잔량이 제로가 되면 가스 부족이 아닌 '전기 부족'이 되어 주행하지 못하게 됩니다. 전기 부족이 되지 않도록 고가의 니켈이나 리튬으로 만든 배터리(전지)를 탑재하고 있습니다. 기존 휘발유 자동차 엔진의 원가는 10만 엔 정도이지만 전기 자동차용 전지는 60만~80만 엔이나 됩니다. 이 차액을 일본에서는 국가 보조금으로 충당하고 있지만, 결과적으로 전기 자동차 가격이 높아지게 됩니다. 이런 전기 자동차 가격의 문제는 전기 자동차용 전지를 만드는 기술 발전이 열쇠가 되고 있습니다.

그리고 전지의 내구성에도 과제가 있습니다. 휴대전화, 노트북과 마찬가지로 전기 자동차용 전지도 충전과 방전을 되풀이할 때마다 성능이 떨어지고, 완전히 충전해도 사용할 수 있는 전력량이 서서히 줄어듭니다. 한 번 완전히 충전(급속 충전)하는 데 약 30분이 걸리고 주행할 수 있는 거리는 약 200~400킬로미터입니다. 근처에 쇼핑하러 가는 데에는 적당하지만, 장거리를 운전에는 데에는 별로 적당하지 않습니다.

고성능이지만 비용이 저렴한 전지 개발도 급속도로 진행되고 있습니다.

● 연료 전지차(FCV)의 과제

연료 전지차(FCV ; Fuel Cell Vehicle)는 수소와 산소의 화학 반응으로 발생한 전기를 이용해서 모터를 움직이는 자동차입니다. 이름은 「연료 '전지'」이지만 실제로는 전기를 만드는 발전기입니다.

필요한 산소는 공기 중에서 공급받기에 나중에 수소만 충전해주면 스스로 전기를 만들기에 따로 배터리 충전은 필요 없습니다.

연료 전지차에는 크게 두 가지 오해가 있는 듯합니다.

하나는 '수소 폭발'을 연상시키는 위험한 이미지입니다. 하지만 폭발하는 것은 밀폐된 공기 중에 수소가 4~75퍼센트 포함되는 경우뿐입니다. 탱크에 충전된 수소 농도는 그것보다 훨씬 높아서 폭발이 불가능합니다. 만약에 탱크에서 수소가 샌다고 해도 순간적으로 위쪽으로 확산하여 폭발할 만한 농도가 되지는 않습니다. 수소는 성질을 올바르게 이해하면 안전하게 다룰 수 있는 연료입니다.

다른 하나는 '수소는 풍부하고 깨끗하다'라는 이미지입니다. 수소는 확실히 지구상에서 거의 무한히 존재하지만, 연료로 사용할 수 있는 수소는 사실 거의 없습니다. 연료가 되는 수소는 천연가스나 석유 등 화석연료에서 추출하거나 공장에서 부수적으로 발생하는 부생가스(by-product gas)에서 정제해서 제조해야 하는 상황입니다. 하지만 미래에는 수소를 풍력이나 태양광 등의 자연에너지에서 제조하는 방법이 중심이 되어갈 것입니다.

연료 전지차의 과제는 비용 측면에도 있습니다.

먼저 연료 전지차 차체는 굉장히 가격이 비쌉니다. 그리고 수소를 저장하거나 연료로 만들기 위한 구조(고압 탱크에서 배관 등), 배터리 촉매가 되는 백금 같은 희소 금속 등에도 돈이 듭니다. 이런 과제도 기술의 발달이 열쇠를 쥐고 있습니다.

연료 전지차의 차체 가격은 1000만 엔을 넘지만, 국가의 보조금을 이용해서 현재 700만 엔대에서 판매하고 있습니다. 판매 대수를 늘리지 않는 한 연료 전지차의 보급은 쉽지 않기 때문입니다.

운전비(running cost)는 약 5킬로그램을 한 번 완전히 충전하는 데 약 5500엔이 들고 600~700킬로미터 주행이 가능합니다. 연비는 휘발유 자동차와 거의 같다고 할 수 있습니다.

한편 수소를 충전하는 수소 충전소의 정비가 늦어지는 문제가 있습니다.[97] 수소 충전소를 한 곳 만드는 데 드는 비용은 휘발유 주유소의 약 4배에 해당하는 4~5억 엔입니다. 수소의 제조도 함께 이루어지는 유형의 온사이드 수소 충전소, 공급만 하는 유형의 오프사이드 수소 충전소가 있어서 수소를 제조하거나 고압으로 충전하는 설비에 돈이 많이 듭니다. 더구나 채산을 맞추기 위해서는 한 곳 당 매일 약 1000대의 이용이 필요하다고 합니다.

● 앞으로의 보급에 기대한다

이처럼 전기 자동차와 연료 전지차가 널리 보급되려면 아직 많은 과제가 남아 있습니다. 특히 비용 측면의 과제를 어떻게 극복해 가느냐가 기술 혁신과 더불어 커다란 열쇠입니다.

하지만 이것은 어디까지나 지금 시점의 과제입니다.

앞으로는 화석연료를 사용하는 휘발유 자동차 등이 서서히 후퇴해갈 것이 분명합니다. 지구 환경을 생각하면 배기가스 등을 전혀 배출하지 않는 '제로 에미션 차'가 이상적이라는 사실은 변함이 없기 때문입니다.

---

97) 2018년 8월 13일 현재, 일본 전역에 수소 충전소는 90곳이 있습니다. 〈연료전지.net〉 참조

전기 자동차(EV)
전기와 모터로 주행

저렴하고 고성능인 전기 자동차용 전지 개발이 열쇠

주행거리를 높이고 차체 가격을 낮추면 보급 가능성 있음

연료 전지차(FCV)
산소와 수소를 이용해서 전기를 발전하고 모터로 주행(물을 배출)

수소를 값싼 연료로 만들기 위한 기술 발달이 필요함

차체 가격 저하와 수소 충전소 보급도 과제

50

자율주행차는
어떤 원리로 달리는가?

운전하지 않아도 목적지까지 안전하게 운행해주는 자동차가 있다면
교통사고나 스트레스 쌓이는 정체가 사라지고 차 안에서 자유로운
시간도 가질 수 있습니다. 자동차 기술과 인공지능의 콜라보에 따라
그것이 실현되느냐가 달렸습니다.

● 자율주행차란?

자동차의 안전성능이 향상되고 음주운전 엄벌화가 진행되었지만, 여전히 많은 사람이 교통사고로 목숨을 잃고 있습니다.

최근 액셀과 브레이크를 착각하고 잘못 밟아서 인도와 건물로 돌진하는 사고도 늘어나고 있습니다. 그런 배경 때문에 자동차의 안전 기술을 향상할 뿐만 아니라 운전 자체를 기계에 맡기는 자율주행차라는 발상이 생겨났습니다.

그러나 자동차를 운전하는 과정은 참으로 복잡합니다. 예를 들어 엔진을 켜고 브레이크를 풀고 액셀을 밟으면서 주차장에서 나섭니다. 목적지까지 도로 상황이나 교통 표지를 확인하면서 속도 조절을 하고 차선 변경을 합니다. 갑자기 나타난 자동차나 보행자를 피하려고 급브레이크를 밟습니다…….

이처럼 운전자는 항상 주위의 정보를 '인지'하고 안전 주행 지식이나 경험을 근거로 '판단'하고 액셀을 가속하고 핸들을 조작하고 브레이크를 밟아 감속하는 '조작'을 하고 있습니다. 그렇다면 이 '인지 → 판단 → 조작' 과정을 기계는 어떻게 수행하는 걸까요?

● 인지

자율주행차는 사람의 눈과 귀 대신 카메라와 레이더 등의 센서, 그리고 인공위성으로 정보를 받아들입니다.

센서인 카메라는 신호의 색깔과 교통 표지 문자를 식별할 수 있지

만, 악천후에서는 정밀도가 떨어집니다. 레이
더는 악천후에는 강한 편이지만 정밀도는 낮습
니다. 한편 레이저는 정밀도가 높지만, 측정 범
위가 좁아서 값이 비싸다는 것이 어려운 문제
입니다.

이처럼 각각 장단점이 존재하기 때문에 자
율주행차 제조업체는 내세우는 부분에 맞춰 센
서를 선택하는 듯합니다.

● 판단

센서와 인공위성에서 받아들인 정보로 사람을 대신해서 판단을
내리는 것이 인공지능(AI)입니다. 1950년대에 등장한 인공지능도,
빅 데이터가 보급된 현재에는 '심층 학습(deep learning)'이 가능해졌
습니다.

예를 들어 '신호가 빨간불이 되면 정차한다'라고 입력하지 않아도
센서가 인지한 정보(빨간 신호와 그곳까지의 거리, 보행자 수와 장소 등)와
과거의 방대한 주행 데이터(센서가 인지하고 있는 상황에서 안전한 주행
사례)를 근거로 인공지능이 최적의 운전 조작을 결정해줍니다.

● 조작

인공지능의 판단은 '가속', '조작', '감속'의 적절한 조합으로 재빠르게 운전 조작에 대해 피드백되어야 합니다. 그 기술에는 아직 과제가 많습니다. 지금의 자율 주행 기술은 사람이 하는 운전을 부분적으로 인공지능이 지원하는 '운전 지원 시스템'이 중심이 되고 있습니다.

● 자율 주행의 레벨과 현재 상황

미국의 자동차 기술자 협회(SAE)가 레벨 0~5까지 여섯 단계로 자율 주행의 정도를 정의하고 있습니다. 단계 0은 가속, 감속, 조작, 모든 것을 운전자가 하는 기존의 운전 시스템입니다.

레벨 1~2가 되면 운전 지원 시스템이 한정적으로 탑재됩니다. 앞쪽에 있는 자동차에 차간거리를 벌려서 뒤에 따라가는 적응식 정속 주행 시스템(Adaptive Cruise Control), 차선을 벗어나면 핸들이 움직여서 주행차선으로 돌아가는 차선 유지 보조 시스템(Lane Keeping Assist) 등입니다.

일본은 레벨 2단계(2018년 1월 현재)

적응식 정속 주행 시스템(차간거리를 유지)
차선 유지 보조 시스템(차선 일탈 보정)
위험을 감지해서 감속하고 정지한다

완전한 자율 주행 '레벨 5'의 달성에는 기술적인 과제뿐만 아니라 사고가 일어났을 때의 책임 소재, 보험 제도의 현황 등 이제까지 생각하지 못했던 과제가 잔뜩 있습니다.

자율 주행 개발의 중심이 IT 기업이라는 점도 중요합니다. 자율 주행이라는 기술은 자동차를 축으로 해서 경제의 틀 자체를 바꿔나갈 가능성이 있습니다.

자율 주행 기술 레벨

레벨 1	핸들 조작이나 가속, 감속 등 모든 것을 지원하는 운전 지원 레벨
레벨 2	핸들 조작이나 가속, 감속 등 여러 가지를 지원하는 부분 운전 자동화 레벨
레벨 3	긴급 시에는 운전자의 운전이 필요하다는 조건이 붙는 자율 주행 레벨
레벨 4	주행 환경에 따라 운전자가 타지 않아도 좋은 고도의 자율 주행 레벨
레벨 5	어떤 환경 아래에서도 자율 주행하는 완전 자율 주행 레벨

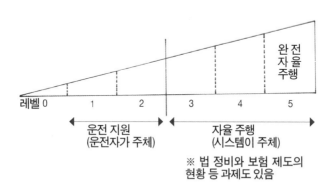

51

자기 부상 열차가 움직이는 원리는
전기면도기와 같을까?

자기 부상 열차라고 하면 미래의 교통수단이라는 이미지를 가진 사람도 많을 것입니다. 하지만 이미 같은 원리를 이용한 지하철이 일본에서 여러 량 운행되고 있다는 걸 알고 있나요?

● 자기 부상 열차란?

자기 부상 열차(linear motor car)에서 '리니어(linear)'는 '직선'을 의미합니다.

보통의 모터는 전류와 자기장의 성질을 이용해서 회전하게 됩니다. 그 회전을 직선 움직임으로 만든 것이 자기 부상 열차입니다.

어느 장소로 이동했을 때 그 움직임에 맞춰 전류가 변화해서 연속적으로 이동해갑니다. 교통수단이 아닌 것 중에 같은 원리를 이용한 것으로 전기면도기와 케이블을 사용하지 않는 엘리베이터 등이 있습니다.

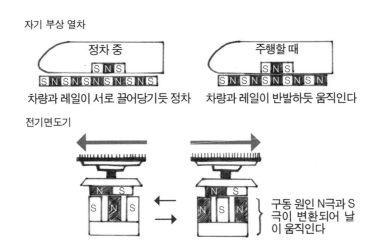

자기 부상 열차

정차 중 — 차량과 레일이 서로 끌어당기듯 정차

주행할 때 — 차량과 레일이 반발하듯 움직인다

전기면도기

구동 원인 N극과 S극이 변환되어 날이 움직인다

● 왜 뜨는 걸까?

자기 부상 열차는 자기력으로 부상한다는 이미지를 갖고 있습니다. 그런데 도대체 왜 열차를 부상시켜야 할까요?

고대부터 편하게 물체를 움직이기 위해 바퀴를 이용했습니다. 자전거나 자동차, 철도도 모두 바퀴를 이용하고 있습니다. 하늘을 나는 비행기 역시 지상에서는 바퀴를 이용하고 있습니다. 바퀴는 마찰을 줄이기 위해 사용되지만, 한편으로는 마찰이 커지지 않으면 안 될 때도 있습니다. 자동차 바퀴가 움직일 때는 타이어와 노면 사이에 마찰이 생깁니다. 이 마찰이 작으면 타이어가 헛돌게 되어 움직이지 못하게 됩니다. 철도도 마찬가지로 바퀴와 레일 사이에 마찰이 없으면 달리지 못합니다.

바퀴에 따라 마찰이 커지고 작아지게 되는 데에는 한계가 있습니다. 그때 등장하는 것이 자기력으로 부상시키는 방법입니다. 열차를 부상시킴으로써 마찰에 의존하지 않고 추진시킬 수 있고, 좀 더 고속으로 달리는 것이 가능해집니다.

자기력으로 부상시키는 부상식 자기 부상 열차는 이미 홍콩에서 상업적으로 운행 중입니다.

홍콩의 자기 부상 열차는 레일에서 1센티미터 정도 부상하고 있습니다. 이에 비해 일본의 자기 부상 열차는 약 10센티미터 부상하고 있습니다. 이런 차이는 지진이 많은 일본에서 안전하게 운행하는 것과 동시에 좀 더 속도를 높이기 위한 목적 때문입니다.[98]

한편 속도가 오르면 문제가 되는 것이 공기 저항입니다. 그래서 자기 부상 열차는 공기 저항을 적게 하려고 앞쪽 끝이 긴 유선형으로 되어 있습니다.

● 철륜식 리니어 모터카는 이미 가동 중

현재 일본에서는 부상식 자기 부상 열차가 상업적인 운행을 목표로 개발이 진행되고 있습니다. 그에 비해 바퀴를 이용한 철륜식 리니어 모터카는 이미 지하철 등에서 실용화하고 있습니다. 도쿄의 도에이 지하철 오에도선, 오사카 메트로 나가호리츠루미료쿠치선, 요코하마 시에이 지하철 그린라인, 후쿠오카시 지하철 나나쿠마선 등입니다.

보통의 열차는 대차 밑에 모터가 있고 그것을 움직여서 이동합니다. 그에 비해 리니어 모터를 이용한 차량은 대차를 작게 만들 수 있고 그래서 소형화가 가능합니다.

그밖에도 터널 단면적을 작게 하거나 시공 기간의 단축, 그것에 따른 비용의 삭감이 가능하다는 장점이 있습니다. 그리고 리니어 모터는 커브나 경사에 강하다는 특징이 있습니다. 철륜식 리니어 모터카는 앞으로 좀 더 가까운 교통수단으로 확대되어 갈 것입니다.

---

98) JR 도카이 열차의 주행 시험에서는 2015년에 시속 603킬로미터를 기록하고 있습니다. 또한, 신칸센의 최고 시속은 도호쿠 신칸센 '하야부사', '고마치'의 시속 320킬로미터입니다.

차량 크기의 차이

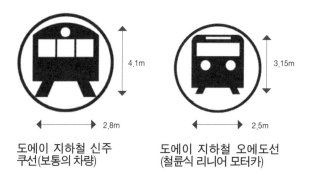

도에이 지하철 신주
쿠선(보통의 차량)

도에이 지하철 오에도선
(철륜식 리니어 모터카)

52

인공지능은 위험하지 않을까?

2016년에 구글 산하 딥마인드(DeepMind)사의 바둑 프로그램 알파
고가 한국 프로 바둑 기사 이세돌에게 승리했다는 뉴스가 있었습니
다. 도대체 인공지능은 어떤 것일까요?

● 컴퓨터 관련 새로운 분야

'인공지능(AI : Artificial Intelligence)'은 1956년에 탄생한 오래된 단어입니다.

현재 인터넷상에서 입수할 수 있는 화상이나 문장 등 데이터가 급증하고 있고 그 방대한 데이터, 즉 빅데이터를 이용함으로써 인공지능의 연구가 가속화되고 있습니다.

이제까지 인공지능 연구는 있는 데이터를 유형화하고 컴퓨터가 판별처리를 실행할 수 있게 학습을 진행해가는 '교사 있는 학습'[99]이 중심이었습니다.

예를 들어 주식시장에서는 예전부터 컴퓨터를 이용해 주가를 예측해서 순식간에 매매를 하는 회사가 있는데 이것은 데이터에 근거하는 주가의 예측, 즉 회귀를 모델화해서 매매를 실행하는 것입니다.

심층 학습
(deep learning)

교사 있는 학습
(기계 학습)

인공지능(AI)

---

99) 기계 학습 수법 중 하나로 미리 대량의 '질문', '해답'을 기억시킴으로써 '특징'을 판별할 수 있게 하는 학습 방법입니다.

● 심층 학습이란 무엇인가?

이런 기계 학습을 발전시켜 정보의 전달과 처리의 정밀도를 향상한 것이 심층 학습(deep learning)입니다. 데이터 처리를 실행하는 중간층을 다층화해서 언어와 화상이라는 추상적인 것을 정확히 처리할 수 있게 되었습니다.

예를 들어 구글의 포토 서비스에서는 같은 사람의 사진을 그룹화해서 키워드를 지정하여 방대한 사진을 정리할 수 있습니다. 이것은 사람이 분류한 것을 정답으로 보여주고 컴퓨터에 특징을 학습시켜서 모델화한 것으로 추론 처리를 실행하고 있습니다.

그리고 구글과 아마존은 가정용 인공지능 스피커[100]를 판매하고 있습니다. 아주 높은 정밀도로 말의 '의도'를 판별하고 거기에 목소리를 내는 개인을 판별해서 처리하는 것도 가능한데 이것도 심층 학습으로 습득한 음성 처리가 바탕이 되어 있습니다.

교사 있는 학습과 심층 학습의 차이

교사 있는 학습
강아지 사진을 대량으로 보여주고 "이것은 강아지입니다"라고 기억시킴으로써 강아지를 판별할 수 있게 합니다. 미리 대량의 데이터를 제공하지 않으면 학습하지 못합니다.

심층 학습
"이것은 강아지입니다"라고 알려주지 않아도 스스로 특징을 추출해서 유형화합니다. 미리 대량의 데이터를 제공하지 않아도 스스로 학습해갑니다.

---

100) 아마존은 '알렉사(Arexa)', 구글은 '구글 홈(Google Home)'입니다.

요즘 일본에서 판매되는 승용차 대부분은 자동 브레이크(충돌 피해 경감 브레이크)가 탑재된 상태입니다. 현재 운전 지원 레벨(레벨1)뿐만 아니라 조건이 붙는 자율 주행 레벨(레벨3)을 채용한 차종까지 시판되고 있습니다.[101]

이런 시스템에도 카메라 화상을 심층 학습시킨 교통 상황의 판단이 이용됩니다.

● 학습과 실용

심층 학습에는 방대한 계산 능력이 필요하다고 생각할지도 모릅니다.

하지만 계산 능력은 대량의 데이터에 근거한 '학습 처리'에 필요한 것으로 학습의 결과 완성된 '추론 처리'뿐이라면 그 정도로 고도의 계산 능력은 필요하지 않습니다.

그래서 모델이 완성되면 자동차에 적재할 수 있는 컴퓨터라도 자율 주행 같은 고도의 처리를 실행할 수 있게 됩니다.

참고로 프로 바둑 기사에게 승리한 구글 산하 딥마인드(DeepMind)사의 알파고 진화 판인 알파고 제로는 빅 데이터와 사람의 지원에 의존하는 기계 학습이 아니라 자기 자신과 방대한 수의 대국을 실행함으로써 자기 학습을 실행한다는 신세대판입니다.

---

101) 시판 자동차 최초로 자율 주행 레벨3 시스템을 채용한 자율주행차는 '아우디 A8'입니다.

기원전부터 친숙하게 이어져 온 바둑의 역사 중에서 인류가 발견했던 다양한 공략법, 즉 정석을 거의 이틀 만에 재발견하고 사흘째 (72시간)에는 사람의 지혜를 능가하는 강함을 보여줘서 크게 화제가 되었습니다.

앞으로 의료와 사회 보장 등 모든 분야에서 인공지능의 이용이 확산하여 새로운 치료법을 개발하거나 약을 만들거나 사회 시책 등을 세울 때 이용할 것입니다.

● 인공지능의 위험성

한편 이런 추론 처리에 너무 쉽게 의존하는 위험성도 지적을 받고 있습니다.

컴퓨터는 '특징의 추출'이 특기지만 데이터의 관계가 상관관계인지, 인과 관계인지를 학습시키는 사람이 이해하지 못하면 잘못된 추론에 의존하는 차별적인 판단을 해버릴 수가 있습니다.

예전에는 사람이 내린 잘못된 판단은 비판의 대상이 되어왔습니다.

그러나 인공지능의 특성을 이해하지 못하고 사람이 이용하면 판단 내용이 블랙박스처럼 되어 '컴퓨터가 판단한 것이기 때문에'라고 그 결과를 맹신하게 됩니다. 그렇게 되지 않도록 우리는 인공지능을 주시할 필요가 있습니다.

인공지능(AI)의 기술 발전

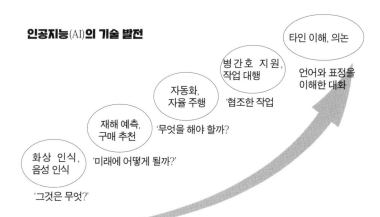

타인 이해, 의논

병간호 지원,
작업 대행

언어와 표정을
이해한 대화

자동화,
자율 주행

'협조한 작업

재해 예측,
구매 추천

'무엇을 해야 할까?

화상 인식,
음성 인식

'미래에 어떻게 될까?'

'그것은 무엇?'

53

사람은 인공지능에
일자리를 빼앗길까?

어떤 논문[102]에 '2030년에는 미국의 고용이 47퍼센트가 줄어든다'라
고 쓰여서 화제가 된 적이 있습니다. 인공지능이나 로봇은 정말로 우
리의 일자리를 빼앗을까요?

---

102) 옥스퍼드 대학교 마이클 A 오스본 준교수가 쓴 『고용의 미래 컴퓨터화로 일자리를 잃
어버리게 될까』라는 논문입니다.

● 자동화할 수 있는 기술

"자동차의 자율 운전이 가능해지면 운전사라는 직업이 불필요합니다. 현재 전문가가 하는 투자나 자산운용도 인공지능이 담당하게 될 것입니다. 우리의 직업은 인공지능이나 로봇의 도입에 따라 크게 변모하고 몇 가지 일은 이미 사람을 필요로 하지 않습니다."

이런 견해가 있습니다.

정말로 우리는 컴퓨터와 로봇 때문에 일자리를 잃게 될까요?

지금도 사람의 직업이나 산업의 구조는 산업혁명과 기계화에 따라 여러 번 크게 변화해왔습니다. 우리 주위를 살펴봐도 50년 전 또는 100년 전에는 사람의 손으로 했던 일이 매우 많았습니다.

예를 들어 가정에서는 세탁기, 청소기, 식기세척기, 전자레인지 등이 보급되어서 긴 시간과 노동이 필요했던 단순한 가사 노동이 크게 줄어들었습니다. 그래서 우리는 예전 세대보다 노동을 덜하고, 여가를 활용할 수 있게 되었습니다.

그리고 우리가 날마다 일을 하는 풍경을 옛날 사람이 본다면 굉장히 기묘하다고 생각할 것입니다. 손편지도 안 읽고 펜으로 서류에 글씨도 안 쓰고 뭔가 화면을 바라보면서 타자기 같이 생긴 키보드와 동그란 도구인 마우스 조작을 하고 있을 뿐이기 때문입니다.

앞으로 인공지능과 로봇이 본격적으로 보급되면 이런 변화가 다시 한번 일어날 것입니다. 예전에는 사람이 했던 접객이나 규칙에 근거한 판단, 힘이 필요한 노동 등을 중심으로 변화가 진행할 것입니다.

지금도 일본 소프트뱅크 페퍼(Pepper) 같은 접객과 안내를 위한 로봇이 이용되고 있습니다. 청소와 접수 등의 업무를 기계화한 일본의 테마파크 하우스텐보스의 '이상한 호텔'이 화제가 되고 있습니다. 지금은 화제가 될 정도의 이런 변화가 앞으로는 다양한 업계에서 좀 더 실용적이고 좀 더 친근하게 일어날 것입니다.

노동에 필요한 사람이 줄어든다는 것이 커다란 문제처럼 생각될지도 모릅니다. 하지만 자녀 수가 줄어들고 고령화되는 등 노동 인구 감소로 고민하는 나라는 대부분 그런 사회에서 노동의 집약화가 커다란 도움이 될 것입니다.

● **새롭게 태어나는 직업**

자동차 보급으로 주유소와 정비사, 자동차 대리점이 필요해지고 가전제품 보급으로 가전제품 대리점과 수리 기술자가 필요해지는 것과 마찬가지로 새로운 기술이 탄생하면 제조와 유지 관리를 위해 많은 직업이 필요합니다.

앞으로 인공지능과 로봇의 보급으로 판매와 점검, 서비스, 유지 관리를 실행하기 위한 산업이 발달하고 많은 기술자가 필요하게 될 것입니다.

한편 하나의 직업 안에서도 기계로는 대체할 수 없는 업무 비율이 늘어날 것입니다. 예를 들어 병간호의 경우 힘이 필요한 작업은 기계화하고 돌봄에 좀 더 많은 시간과 노력을 할애하게 될 것입니다.

● 좀 더 창의적인 일을 할 수 있을까?

이런 변화에 따라 우리는 단순 노동에서 해방되어 예술이나 연구 등 좀 더 창조적인 방향으로 노동이 옮겨갈 것이라고 말하는 사람도 있습니다.

그리고 기계화되지 않고 남는 직업은 좀 더 고도화되고 복수 분야에 걸친 통합적인 것으로 되어갈 가능성이 있습니다. 예를 들어 일류 호텔에는 고객의 요망에 섬세하게 대응하는 콘시어지(concierge)라는 서비스가 있습니다. 이렇게 고객의 개별성을 고려하고 목적성이나 방향성을 파악하고 나서 제안과 서비스를 실행하는 분야는 기계화가 곤란하다고 생각합니다.

단순 노동은 전적으로 기계가 알아서 해주는 세계에서 자신은 보람 있는 일을 하거나 기술을 어떻게 하면 발전시킬 수 있는지 고민하게 될 것입니다.

우리 자녀 세대에서는 노동이나 사회의 사고방식 자체가 크게 변화하게 될지도 모릅니다.

54

유도 만능 줄기세포란
무엇일까?

재생 의료 등의 주역이 될 거라고 기대되는 유도 만능 줄기세포(iPS
세포). 혁명적인 기술이라고 불릴 때도 있는데요. 배아 줄기세포(ES
세포)와 어떤 차이가 있고, 어떤 점이 뛰어날까요?

● 인공적인 줄기세포

우리 몸을 이루고 있는 세포는 수정란 단계에서는 어떤 장기나 기관으로 분화할 수 있는 능력, 즉 전능성을 갖고 있습니다. 하지만 발생이 진행되어 다양한 장기로 분화함에 따라 그 능력을 잃게 됩니다. 그리고 세포가 분열할 수 있는 회수에도 상한선이 생기게 됩니다. 그래서 우리 몸의 일부가 다쳐서 떨어져 나가거나 질병으로 사라지는 경우 그것을 복원하기는 어렵습니다. 우리 수명에도 상한선이 있고 늙고 쇠약해지면 죽음을 맞이하게 됩니다.

이런 제한을 제거하고 수정란처럼 다양하게 분화하는 능력과 증식능력을 지닌 세포인 '줄기세포'를 인공적으로 만드는 건 인류의 오랜 꿈이었습니다. 그런 세포를 만들어낸다면 다치거나 질병으로 잃어버린 장기를 만드는 것도 가능해지고 결국 늙지 않고 죽지 않는 것까지 실현해낼 수 있을지도 모르기 때문입니다.

이 인공 줄기세포의 가장 유력한 후보가 유도 만능 줄기세포(iPS 세포)[103]입니다.

● 세포의 리셋 스위치

우리 몸의 세포는 수정 시에 딱 한 번 '리셋 스위치'가 눌러져서 무

---

103) iPS(induced pluripotent stem cell) ; 유도 만능 줄기세포

엇이든 될 수 있는 만능성이 생기고, 증식 회수 제한이 리셋됩니다. 이것을 '리프로그래밍'이라고 부르는데 인공적으로 이 리프로그래밍을 하기 위해 생명 과학자들이 시행착오를 거듭해왔습니다.

● 배아 줄기세포와의 차이점

이 분야에서 가장 앞서가고 있는 것이 배아 줄기세포(ES 세포)입니다. 배아 줄기세포는 발생 초기 단계인 배아에서 추출한 세포를 특수한 조건에서 배양하여 만든 다능성 줄기세포로 실험 쥐한테서 1981년에, 사람한테서 1998년에 만들어냈습니다.

유도 만능 줄기세포는 배아 줄기세포의 내부에서 무언가가 일어나고 있는가를 연구하다가 만들어냈습니다. 리프로그래밍에 필요한 유전자를 연구하고 야마나카 인자(Yamanaka factors)라고 불리는 네 개의 유전자를 추출하고, 이것을 체세포에 도입하여 다능성을 가진 줄기세포를 만드는 데 성공했습니다.

● 배아 줄기세포의 문제점

사람의 배아 줄기세포는 수정란을 재료로 만듭니다. 그래서 의학적 치료에 활용되면 아무래도 생명 윤리와 관련해서 문제가 생깁니다. 배아 줄기세포에서 조직을 배양할 수 있다고 해도 그 조직을 이식하려는 경우 사람끼리의 장기 이식과 마찬가지로 거부 반응이 일어나게 됩니다.

이에 비해 유도 만능 줄기세포는 장기를 필요한 사람의 체세포에서 직접 줄기세포를 만들어 낼 수 있습니다. 그래서 유도 만능 줄기세포는 배아 줄기세포가 있는 윤리적인 문제와 거부 반응 문제, 두 가지를 해결할 수 있는 것으로 크게 주목을 받았습니다.

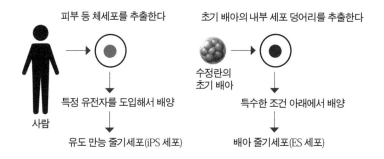

피부 등 체세포를 추출한다 / 특정 유전자를 도입해서 배양 / 사람 / 유도 만능 줄기세포(iPS 세포)

초기 배아의 내부 세포 덩어리를 추출한다 / 수정란의 초기 배아 / 특수한 조건 아래에서 배양 / 배아 줄기세포(ES 세포)

● 유도 만능 줄기세포의 문제점

이렇게 해서 만들어진 것이 유도 만능 줄기세포인데 도입된 유전자 가운데 하나가 돌연변이를 일으키는 경우나 유전자의 도입에 사용되는 유전자 운반체(바이러스의 DNA에 집어넣고 싶은 유전자를 집어넣어 감염시킴으로써 도입한다)가 발암을 촉진하는 문제점이 있었습니다.

이런 문제를 해결하기 위해 전 세계 연구기관에서 맹렬하게 노력하고 있습니다.[104]

---

104) 사용하는 유전자를 줄이는 바이러스가 아닌 플라스미드로 유전자를 도입하는 야마나카 인자가 코드되어 있는 단백질을 직접 세포 안으로 보낸다(piPS 세포)는 방법입니다.

유도 만능 줄기세포가 실용화되면 의학이나 생물학의 한계가 크게 달라질 것으로 예상합니다. 그것은 동시에 우리의 의료와 사회의 모습 자체가 크게 변화하는 것도 의미합니다. 미래에 무슨 일이 일어날지, 무엇이 기다리고 있을지, 시야를 넓게 갖고 생각해야 합니다.

55

유도 만능 줄기세포로 기대되는
재생 의료는 무엇일까?

유도 만능 줄기세포로 의학계에 커다란 변화가 찾아오고 있습니다. 그중에서도 가장 주목받는 '재생 의료'는 어떤 것일까요? 우리의 생활을 어떻게 변화시킬까요?

● 재생 의료란?

재생 의료란 사람의 체내에 있는 줄기세포를 추출하여 배양해서 인공적인 조직을 만들어 이식을 실행하거나 인공적으로 만들어낸 줄기세포를 사람의 체내에 이식해서 손상된 장기나 조직을 보완하여 인체의 기능을 회복시키는 의료를 말합니다.

지금까지 장기나 조직이 손상되어 그 기능을 잃었을 때 그것을 보완해주는 의료나 간호가 장기간 필요했고 평생 의료의 도움을 받아야 했습니다.

재생 의료는 그 장기나 조직을 보완하는 것이 가능하기에 지금까지 불가능했던 다양한 치료가 가능해지고 투병 기간이 단축되고 사회 복귀도 가능해질 거라 여겨집니다.

2014년에 유도 만능 줄기세포를 이용한 이식 수술이 처음으로 실행되었습니다.

이것은 가령성황반변성(age related macular degenation)이라는 중도 실명의 원인이 되는 질병의 치료로 가는 실마리가 되어주었습니다. 그래서 미래에 유도 만능 줄기세포로 만든 망막색소상피세포의 이식이 가능해진다면 지금까지 곤란했던 치료로 가는 길이 열립니다.

이것 이외에도 기능이 퇴화하거나 손상을 입게 된 장기를 유도 만능 줄기세포로 만든 줄기세포로 보완, 또는 유도 만능 줄기세포로 만든 장기를 이식함으로써 확장형 심근증(dilated cardiomyopathy), 파킨

슨병, 척추 손상 등 치료가 가능해집니다. 또한, 신장, 췌장, 간 등에 생긴 다양한 질병을 치유하는 데 도움이 될 것입니다.

기술이 발전하면 현재 헌혈에 의존했던 혈소판 등 혈액 성분 역시 인공적으로 만들어낼 수 있을지도 모릅니다.

● 막대한 비용을 어떻게 부담할까?

이런 기술을 개발하고 실용화하려면 막대한 비용이 필요합니다.

비용은 의료 행위나 약제의 대가로 반영되기에 사비로 실행하는 경우 엄청나게 고액인 의료가 됩니다. 보험 등으로 도움을 받으면 공적 비용 부담이 커지고 사회 전체에 대한 부담이 커지는 것이 문제가 됩니다.

맞춤 의료(order made medicine)에서는 유전자를 검사해서 개인이나 질병에 맞는 치료를 실행할 수 있지만 그러기 위해서는 검사 비용이 필요합니다.

유전자 치료가 실용화되려면 현재 대학 등에서 연구의 일환으로 실행하는 질환에 대응한 DNA의 조합이나 배양을, 기업과 병원이 실행하게 되고, 시설이나 의료 인력에 대한 설비 투자도 필요하게 됩니다.

● 재생 의료의 과제

미래 사회를 그린 공상과학소설(SF) 등에는 맞춤 의료나 유전자 치료에 따라 부유층 사람은 늙지 않고 죽지 않는 것이 현실이 되는 반면, 빈곤층에는 그 혜택이 고루 미치지 않고 격차가 더욱 벌어진다는 주제가 반복되어 나오고 있습니다. 이것은 재생 의료에 시간과 비용이 걸린다는 점이 배경에 있습니다.

예를 들어 인공 장기를 만드는 경우 대상자의 세포를 채취해서 유도 만능 줄기세포를 만들고 그것을 분화시켜서 장기로 키우려면 시간과 의료 인력이 필요합니다.

이런 결점을 보완하기 위해 거부 반응을 일으키기 어려운 특이 체질인 사람의 세포에서 유도 만능 줄기세포를 만들어서 재생 의료를 실행하는 연구도 진행되고 있습니다.

● 다양한 신기술

21세기에 접어들어 의료는 커다란 발전을 보입니다. 20년 전에는 한 사람의 게놈(Genom), 즉 유전체를 해석하는 데 10년 이상의 세월과 막대한 자금이 필요했습니다.[105] 하지만 지금은 게놈 해석이 일주일 정도면 가능하고 비용도 100만 엔 전후로 줄어들었습니다.

그리고 2013년에는 게놈을 직접 편집하는 크리스퍼 캐스나인(CRISPR/Cas9)이라는 기술도 개발되었습니다. 우리는 자신의 유전자를 읽어 들이고 그것을 가공하는 기술까지 이미 습득했습니다.

---

105) 이런 인간 게놈의 모든 염기 배열을 해석하는 프로젝트를 '인간 게놈 계획'이라고 합니다.

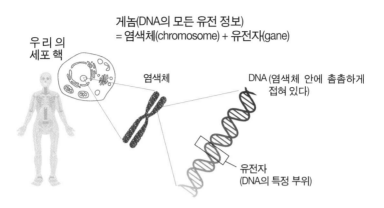

게놈(DNA의 모든 유전 정보)
= 염색체(chromosome) + 유전자(gane)

우리 의
세포 핵

염색체

DNA (염색체 안에 촘촘하게
접혀 있다)

유전자
(DNA의 특정 부위)

크리스퍼 캐스나인(CRISPR/Cas9)

Clustered Regularly Interspaced Short Palindromic Repeats
규칙적으로 반복해서 나타나는 DNA의 단편
CRISPR-AssociatedProteins 9
DNA 절단 효소
→ 확실하게 노리는 곳의 유전자를 절단하고 교체하는 것이 가능한 기술

● 윤리적인 판단을 어떻게 할까?

예를 들어 크리스퍼 캐스나인(CRISPR/Cas9)으로 유전자 교체를
실행하는 경우 교체의 흔적이 남지 않습니다. 그래서 유전적으로 인
체를 개조한 운동선수가 등장하는 경우 도핑과 달리 우리는 유전자
교체를 간파하기 어렵습니다.

돈이 많거나 국가의 명예를 좌우하는 듯한 과학 기술이 탄생하면
그것이 얼마든지 악용될 가능성이 있다는 점도 고려해야 합니다.

한편 재해 다발 지역이나 자녀의 수가 줄어들고 고령화 등으로 쇠

퇴해가는 사회에서는 고령자에 대한 의료가 제한되거나 중단되는 것 같은 변화가 일어날지도 모릅니다.

우리가 당연하다고 생각하는 다양한 윤리적 판단이 크게 흔들리는 시대가 올 가능성도 있습니다.

그래서 새로운 기술에 대해 파악하고 그 가능성이나 한계, 그리고 장단점에 대해 우리 한 사람 한 사람 깊이 고민할 필요가 있습니다.

● 불법 의료와 가짜 의학에 주의해야 한다

여기서 소개한 유도 만능 줄기세포 이외에도 재생 의료는 다양한 방식으로 범위가 확대되고 있습니다. 하지만 이런 흐름을 타고 재생 의료와 비슷한 '가짜 의학'이나 불법적인 치료가 나타날 것이라고 예상합니다. 우리는 그런 사람이나 업자에게 속지 않도록 주의해야 합니다.

2017년, 일본에서는 암 치료나 노화 방지를 부르짖는 불법적인 제대혈[106] 이식을 실행한 의사들이 재생 의료 안정성 확보법 위반 의심 행위로 체포되는 사건이 발생했습니다.

주간지 등에는 근거가 부족한 민간요법 때문에 치료 기회를 놓치고 재산도 잃은 유명인의 이야기가 종종 게재되고 있습니다.

이렇듯 증거와 근거가 부족한 가짜 의학, 민간요법 같은 행위는

---

106) 배꼽에서 채취한 혈액에 줄기세포가 풍부하게 포함되어 있습니다.

질병으로 고생하는 사람을 구원하기는커녕 표준적인 의료에서 사람들을 멀어지게 하고 생명을 위험하게 만드는 결과를 빚어낼 수 있습니다. '당신한테만', '특별히'라며 슬며시 다가오는 귀에 솔깃한 말에도 속지 않기를 바랍니다.